Eduardo Corrêa dos Santos
Margareth Brandão Mendes Silva
Nelson Machado Barbosa

Educação Financeira

Uma Visão Acadêmica

Editora Ciência Moderna

Educação Financeira – Uma Visão Acadêmica

Editor: Paulo André P. Marques
Produção Editorial: Dilene Sandes Pessanha
Capa: Daniel Jara
Copidesque: Equipe Ciência Moderna

FICHA CATALOGRÁFICA

SANTOS, Eduardo Corrêa dos; SILVA, Margareth Brandão Mendes; BARBOSA, Nelson Machado.

Educação Financeira – Uma Visão Acadêmica

Rio de Janeiro: Editora Ciência Moderna Ltda., 2021.

1. Matemática 2. Educação Financeira
I — Título

ISBN: 978-65-5842-093-4 CDD 510

Editora Ciência Moderna Ltda.
R. Alice Figueiredo, 46 – Riachuelo
Rio de Janeiro, RJ – Brasil CEP: 20.950-150
Tel: (21) 2201-6662/ Fax: (21) 2201-6896
E-MAIL: LCM@LCM.COM.BR
WWW.LCM.COM.BR

08/21

Prefácio

Com o Novo Ensino Médio e a mudança na Base Nacional Comum Curricular (BNCC), é previsto uma grande demanda por profissionais com conhecimento sobre educação financeira para a sua aprendizagem de forma transversal nas escolas. Devido a essa grande demanda de conhecimento sobre educação financeira, este livro tem como objetivo capacitar formadores em educação financeira na escola, sendo este, um momento ideal e apropriado para iniciar essa prática. Com a pluralidade de conhecimento que o tema requer, debateremos aqui assuntos como as técnicas de planejamento, sustentabilidade no âmbito pessoal e global, economia e finanças na formação de consumidores sustentáveis e conscientes, discutidos na íntegra, por matemáticos e profissionais da administração, economia e contábeis, com aplicabilidade intrépida da matemática financeira, unidos em um só trabalho. Nesta obra, encontram-se umas das principais referência bibliográficas sobre o tema, onde professores e estudantes do ensino superior possam embasarem para novos trabalhos sobre o tema de matemática financeira e educação financeira.

Sumário

Capítulo 1

HISTÓRICO DA MATEMÁTICA FINANCEIRA

Figura 1 – O comerciante e sua esposa de Quentin Matsys

Fonte: Museu do Louvre
<https://www.louvre.fr/en/oeuvre-notices/moneylender-and-his-wife>

Historicamente, a Matemática Financeira e Comercial esteve associada à ideia da origem do dinheiro e de como lidar com o capital ao longo do tempo. No entanto, a própria história nos mostra que seu conceito estende-se ao avanço das relações financeiras e comerciais na sociedade, bem como a evolução de práticas financeiras, aplicações, inovações tecnológicas e os novos conceitos voltados ao termo dinheiro no dia a dia. O presente capítulo aborda o progresso histórico da Matemática Financeira.

1.1 CONTEXTO HISTÓRICO DA MATEMÁTICA FINANCEIRA

Discorre a história que, assim como a Matemática originou-se das necessidades humanas, o mesmo ocorreu com a Matemática Financeira, e esta, por sua vez está intrinsecamente relacionada ao conceito e à acepção de comércio. (SCHNEIDER, 2008, p. 26)

Após a fase nômade, os primórdios começaram a se organizar em pequenos grupos prenotados, donde extraíam da natureza os produtos necessários e essenciais à própria sobrevivência.

A partir do momento em que as civilizações se expandiram e os grupos humanos começaram a interagir e a se comunicar, iniciaram-se também as primeiras barganhas, que se baseavam na troca de objetos, de mercadorias oriundas dos produtos excedentes, em que não se visava o lucro, não havia uma estimativa de valores, apenas o anseio em suprir as necessidades dentre os grupos. (TORAETE, 2013, p. 26)

Conforme Ubiratan D'Ambrósio

> No princípio, o homem produzia para seu consumo. Com o progresso e multiplicando-se suas necessidades, para satisfazê-las, viu-se ele na contingência de fazer circular sua produção. Viu-se a necessidade de trocar o que lhe sobrava pelo que lhe faltava. E, assim, começa o comércio, primitivamente muito complicado. Consistia, pura e simplesmente, na troca de mercadorias.
>
> (D'AMBRóSIO; D'AMBRóSIO, 1972, p. 85)

Constatam-se que as primeiras transações comerciais realizadas eram baseadas em trocas diretas de produtos,

> O primeiro tipo de troca comercial foi o escambo, fórmula segundo a qual se trocam diretamente (e, portanto, sem a intervenção de uma "moeda" no sentido moderno da palavra) gêneros e mercadorias correspondentes a matérias-primas ou a objetos de grande necessidade.
>
> (IFRAH, 1997, p. 145)

No entanto, no decorrer do tempo, com o desenvolvimento do artesanato, da cultura e o estreitamento social entre os grupos, esse tipo de transação não mais atendia às práticas de negociação, visto que alguns produtos, conforme demanda de uso, passaram a ser mais solicitados que os outros. Por esse fato, tais mercadorias assumiram a função de moeda, ou seja, como elemento de referência à equivalência de valor.

> A primeira unidade de escambo admitida na Grécia pré-helênica foi o boi. No século VIII a.C., na Ilíada de Homero (XXIII, 705, 749-751 e VI, 236), uma mulher hábil para mil trabalhos é assim avaliada em 4 bois, a armadura em bronze de Glauco em 9 bois e a de Diomedes (que era de ouro) em 100 bois;(IFRAH, 1997, p.146)

Dessa forma, além do boi, outros elementos de troca surgiram ao longo do processo histórico. A exemplo disso, o sal, na época, considerado iguaria de elevado valor e empregado na conservação de alimentos, fora utilizado como moeda de pagamento por serviços prestados ao Império Romano, daí a origem do termo salário. Já os aldeões das Ilhas do Pacífico tinham como moeda de troca as conchas e pérolas. Nas antigas civilizações da América Central, os povos maias e astecas tinham como base de escambo, algodão, cacau e sementes de cacau, cerâmicas, pedaços de tecidos e pequenos machados. Entre os séculos XVI e XI, anterior à era cristã, os chineses permutavam provimentos e mercadorias por dentes e chifres de animais, revestimentos de tartarugas, conchas, couros e peles e, posteriormente, armas e ferramentas, entalhados de pedra ou bronze. No Egito, nos remotos tempos faraônicos, eram utilizados para a base de barganhas, barras ou anéis de metais semipreciosos ou preciosos, como cobre, bronze, prata e ouro, no pagamento de mercadorias, cujo valor eram estimados pelo peso. (SCHNEIDER, 2008, p. 26)

Doravante, o modelo de moeda, ao qual faz parte de nossa atual realidade, teve sua invenção conferida por volta do século VII a.C., à Ásia Menor e à Lídia, tendo se difundido a passos largos pela Grécia, Fenícia, Roma, China, dentre outras civilizações. Isso ocorreu, devido à facilidade em manusear e verificar a autenticidade da moeda, posto que apresentavam peso igual e era cunhada com a marca oficial de uma autoridade pública, única detentora do poder de certificar seu preço e sua qualidade. (IFRAH, 1997, p.152)

Segundo Schneider (2008, p. 26), o desenvolvimento dos centros comerciais pelo mundo, na Idade Antiga, destaques para a Grécia e Roma; na Idade Média, as cidades estado da Itália, Veneza, Genova, Pisa e Florença, e posteriormente, com o a expansão marítima, com ênfase para Portugal, Holanda, Espanha e Inglaterra, contribuíram significativamente para o fortalecimento das atividades comerciais, principalmente, pela descoberta do caminho marítimo para Índia e o descobrimento da América.

para a parte que realizou o empréstimo.

Na mesma linha de considerações acerca do conceito de juros, outra evidência de sua aplicação é abordada pelo professor Jean Piton-Gonçalves. Dessa forma,

> Um dos primeiros indícios apareceu já na Babilônia no ano de 2000 a.C. Nas citações mais antigas os juros eram pagos sob a forma de sementes ou de outros bens. Muitas das práticas existentes originaram-se dos antigos costumes de empréstimo e devolução de sementes e de outros produtos agrícolas. (GONÇALVES, 2007)

Um outro dado interessante mencionado por Gonçalves (2007), é a forma como a qual os cambistas exerciam seu ofício, no intercâmbio de acordos financeiros e comerciais, sejam em mercadorias peculiares ou em dinheiro, onde, em praças ou mercados da época, ficavam sentados em bancos de madeira, dando origem aos termos "banco" e "banqueiro".

Posteriormente, em 575 a.C. na Babilônia, o conceito de juros tornou-se tão bem fundamentado, que existia uma companhia internacional de banqueiros com escritórios centrais estabelecidos na cidade. As altas taxas de juros cobradas pela instituição, com o propósito de financiar o comercio exterior, contribuíram, consideravelmente, para movimentar e elevar o capital das atividades econômicas da instituição, diga-se dinheiro.

Na História Antiga, dentre as civilizações egípcias e babilônicas, era praxe as pessoas mais abastadas, hábito igualmente notado posteriormente, nas civilizações greco-romanas, conferirem a custódia de seu ouro aos sacerdotes. Assim, pode-se então dizer que os bancos primitivos foram fundados pelos sacerdotes, que por meio de suas organizações, diga-se templos, realizavam empréstimos de quantias que após certo tempo eram restituídas com juros, em ouro e prata. Em observância a tal prática de atividades creditícias, a Igreja Católica instituiu, então, o Banco do Espírito Santo, já com um admirável capital inicial. E, no intuito de coibir os fiéis a exercerem operações que envolvessem empréstimos e cobrança de juros a outrem, condenava à inquisição quem ousasse desobedecer tais ordens. (SCHNEIDER, 2008, p. 29)

Segundo Gonçalves (2007), com o desenvolvimento e ampliação das atividades comerciais, a ganância das pessoas por lucros e ganhos, a Igreja deixou de ser a detentora do poder que até então exercia. Deste modo, em 1157 na Itália, o duque Vitali fundou em Veneza o primeiro banco particular. Subsequentemente, nos séculos XIII, XIV e XV, ocorreu a geração de uma completa organização bancária e a Igreja teve que condescender ao novo fato, no qual não mais monopolizava a administração das atividades comerciais que envolvessem capital financeiro.

Historicamente, no decurso dos séculos X e XV, as entidades bancárias contribuíram significativamente para o progresso da Matemática e da Economia. Em consonância, o aparecimento dos bancos está intrinsecamente relacionado ao aprimoramento dos cálculos de juros a aplicação dos conceitos de cálculos na Matemática Financeira e Comercial, que foram se aperfeiçoando conforme as necessidades de cada época. (GONÇALVES, 2007)

A partir do final do século XVI e no decorrer do século XVII, com o progresso da expansão marítima e o descobrimento da América, a Europa Ocidental atinge o auge do comércio e, tais circunstâncias fomentaram a origem de mais instituições bancárias e uma nova natureza de operação financeira, a conta corrente.

De acordo com Robert (1989) "os possuidores de dinheiro, tendo à frente o comerciante, depositam no banco uma determinada quantia de dinheiro sob a denominação de conta corrente." Na ocasião em que o comerciante precisasse executar um pagamento, o banco emitia um formulário padrão, denominado cheque, para que a operação financeira fosse concretizada, analogamente, como ocorre nos dias atuais.

Por conseguinte, o cheque pode ser considerado a primeira forma de uso do papel moeda. E, mais tarde, outros tipos de movimentações bancárias foram surgindo, como as letras de câmbio, uma espécie de título de crédito; o "bilhete de banco", que consiste numa "obrigação por uma determinada soma de dinheiro emitida por um banco para isso autorizado e que se compromete a pagar em dinheiro efetivo e a qualquer momento a soma ali estipulada." (ROBERT, 1989, p.59)

Conforme Eves (2004) no período anterior ao século XVII, em decorrência do desenvolvimento comercial renascentista e devido ao aumento de interesse pela educação, apareceram os primeiros textos públicos de aritmética. As obras eram de dois tipos, aquelas escritas em latim por intelectuais de formação clássica, muitas vezes ligados a escolas da igreja, e outras escritas no vernáculo por professores práticos interessados em preparar jovens para carreiras comerciais.

A mais antiga aritmética impressa é a anônima e hoje extremamente rara *Aritmética de Treviso*, publicada em 1478 na cidade de Treviso, conforme indica a figura 3. Trata-se de uma aritmética amplamente comercial, dedicada a explicar a escrita dos números, a efetuar cálculos e a apresentar aplicações envolvendo sociedades e escambo. Como os algoritmos iniciais do século XIV, ela também inclui questões recreativas. Foi o primeiro livro de matemática a ser impresso no mundo ocidental.(EVES, 2004, p. 209)

Figura 3 – Aritmética de Treviso

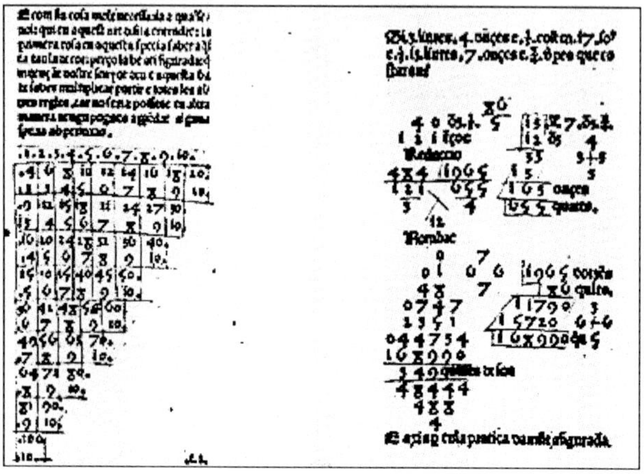

Fonte:<http://iessalvadorsandoval.es/j3/index.php/proyectos/club-de-las-matemagicas2/cursiosidades/172-curso-10-11-semana-4-un-metodo-arabe-para-hacer-multiplicaciones>

A aritmética comercial, escrita por Piero Borghi, conforme relata Eves (2004) foi a mais influente na Itália. O trabalho foi considerado extremamente útil, sendo publicado em Veneza em 1484, onde alcançou cerca de dezessete edições, a última de 1557. A figura 4 apresenta uma das páginas da obra de Piero Borghi.

Em 1491, ainda em conformidade com o autor Eves (2004), foi publicada em Florença uma aritmética não tão importante, de autoria de Filippo Calandri, entretanto interessante, pelo fato de conter o primeiro exemplo impresso do moderno processo de divisão e também os primeiros problemas ilustrados a aparecerem na Itália. Na figura 5, é retratada a negociação entre dois mercadores, que buscam comercializar suas mercadorias, lã e tecido.

Outras obras sobre aritmética apresentaram grande relevância na expansão e fortalecimento de práticas comerciais, como as de Widman, Jacob Köbel e Adam Riese, na Alemanha, sendo a de Riese considerada "a mais influente de todas as aritméticas comerciais alemãs, [...] este trabalho conseguiu uma reputação tão alta que, até hoje na Alemanha, *nach Adam Riese* significa cálculo correto." Além disso, por volta do século XVI, na Inglaterra, foram publicadas as aritméticas de Cuthbert Tonstall e de Robert Recorde,sendo este último, "o mais influente autor inglês de textos escolares", concedeu-se, deste modo, o início ao simbolismo algébrico, onde escreveu textos sobre álgebra, geometria e astronomia.

Figura 4 – Aritmética de Borghi

Qui comenza la nobel opera de arithmethica ne la qual se tracta tute cosse amercantia pertinente facta e compilata p Piero borgi da veniesia

Fonte:<https://archive.org/details/aritmetica00borg>

Verifica-se, nesse contexto, o papel significativo que a aritmética desempenhou para o desenvolvimento dos cálculos em diversas relações comerciais ao longo do tempo até que se aperfeiçoasse e chegasse aos modelos e fórmulas matemáticas atuais, expostos pela álgebra na abordagem de conceitos que envolvem matemática comercial e financeira. No entanto, é válido ressaltar que a Matemática Financeira vai além de fórmulas aplicadas na resolução de questões que envolvam porcentagem, juros simples e compostos, conceitos propostos pelos currículos escolares.

No mundo contemporâneo, dito globalizado, onde a economia se mostra, ora estável, ora instável, torna-se importante entender as principais variantes envolvidas no processo financeiro. A Matemática Financeira se faz presente em várias situações cotidianas, como em financiamentos de imóveis, veículos, aplicações e investimentos financeiros, compras com cartões de crédito, à vista ou a crediário, efetivação de empréstimos, dentre outras, e exerce papel essencial na análise do planejamento financeiro e a tomada de decisões de uma empresa, ou para auxiliar indivíduos a lidar e administrar suas próprias finanças.

Figura 5 – Aritmética de Calandri

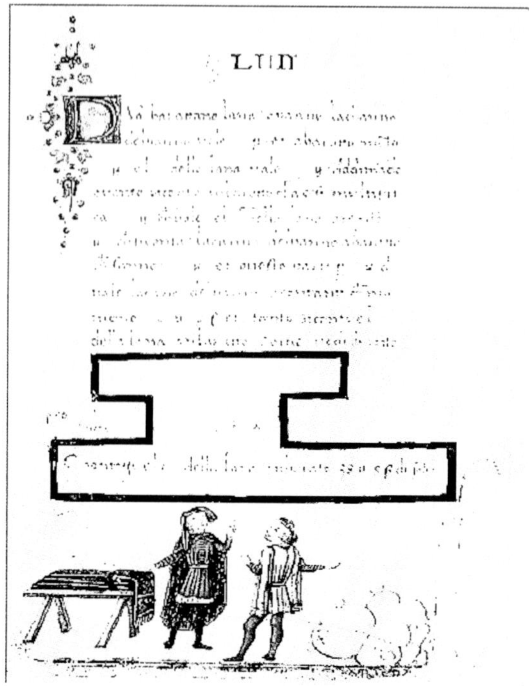

Fonte:<http://www.facsimilefinder.com/facsimiles/treatise-on-arithmetic-of-lorenzo-the-magnificent-facsimile#&gid=1&pid=4>

1.2 BREVE HISTÓRIA DA ECONOMIA BRASILEIRA E SUAS IMPLICAÇÕES NA EDUCAÇÃO FINANCEIRA

Os dados históricos revelam que o homem e sua relação com o dinheiro são tão antigos quanto o invento da moeda e, desde então, ele enfrenta dificuldades para administrar as suas finanças, (BRUTES; SEIBERT, 2014, p. 175). A história do dinheiro no Brasil remonta do período colonial, de 1500 até o presente momento, vigoraram nove moedas oficiais.

> O primeiro dinheiro a circular no Brasil foi a moeda-mercadoria, que foi o açúcar, que em 1614 passou a valer como dinheiro por ordem do governador Constantino Menelau. As primeiras moedas metálicas – de ouro, prata e cobre – chegaram com o início da colonização portuguesa. A moeda portuguesa, o real, foi usada no

> Brasil durante todo o Período Colonial. Assim, tudo se contava em réis – plural popular de real.(COELHO, 2011)

O quadro 1 demonstra, sucintamente, as alterações do sistema monetário brasileiro ao longo do tempo.

Quadro 1 – Histórico das alterações monetárias no Brasil

UNIDADE MONETÁRIA	SÍMBOLO	VIGÊNCIA	EQUIVALÊNCIA
Real (plural = Réis)	R	Período Colonial até 07.10.1833	Rs 1$200 = 1/8 de ouro de 22K
Mil Réis	Rs	08.10.1833 a 31.10.1942	Rs 2$500 = 1/8 de ouro de 22K
Cruzeiro	Cr$	01.11.1942 a 30.11.1964	Cr$ 1 = Rs 1$000
Cruzeiro (eliminados os centavos)	Cr$	01.12.1964 a 12.02.1967	Cr$ 1 = Cr$ 1,00
Cruzeiro Novo (com centavos)	NCr$	13.02.1967 a 14.05.1970	NCr$ 1,00 = Cr$ 1.000
Cruzeiro	Cr$	15.05.1970 a 14.08.1984	Cr$ 1,00 = NCr$ 1,00
Cruzeiro (eliminados os centavos)	Cr$	15.08.1984 a 27.02.1986	Cr$ 1 = Cr$ 1,00
Cruzado (com centavos)	Cz$	28.02.1986 a 15.01.1989	Cz$ 1,00 = Cr$ 1.000,00
Cruzado Novo	NCz$	16.01.1989 a 15.03.1990	NCz$ 1,00 = Cz$ 1.000,00
Cruzeiro	Cr$	16.03.1990 a 31.07.1993	Cr$ 1,00 = NCz$ 1,00
Cruzeiro Real	CR$	01.08.1993 a 30.06.1994	CR$ 1,00 = Cr$ 1.000,00
Real (plural = Reais)	R$	Desde 01.07.1994	R$ 1,00 = CR$ 2.750,00

Fonte:<http://www.ncnet.com.br/contabil/tabelas/histmonei.html>

Por muitos anos, a população brasileira lidou com os altos índices inflacionários, oscilações de preços em produtos, em que pela manhã se praticava um preço em determinada mercadoria e, ao final do dia, já se praticava outro valor. Sem perspectiva de "dias melhores" (grifo nosso), ao invés de planejarem investimentos e/ou compras, a sociedade da época cultivou o comportamento do comprar imediatamente, ou ainda acumular/estocar produtos em casa, antes que ocorresse variação de preços. Para D'Aquino e Cerbasi (2008), a ausência de uma educação financeira efetiva e eficaz colaborou para o tipo de conduta, legado no período de inflação.

> Numa economia sufocada pela inflação, qualquer tentativa de planejamento financeiro, por mais sério e bem-intencionado que fosse, tinha resultados frágeis e um bocado desanimadores. Se não era possível saber o que esperar da economia para o dia seguinte, que dirá planejar os passos para os próximos cinco ou dez anos. (D'AQUINO; CERBASI, 2008, p. 8)

Assim, ante um sistema econômico instável e estagnado, em que o cidadão se via obrigado a se acostumar com constantes alterações de modelos e desvalorização de planos econômicos, ajustamento fiscal ineficiente, congelamento e defasagem de salários em relação ao reajuste de preços de produtos e serviços, esses fatores contribuíram, sistematicamente, para enfraquecimento e arrefecimento da política monetária do país.

O controle da inflação só foi possível a partir de julho de 1994, com a implantação do Plano Real, (COELHO, 2011). Entretanto, é adequado ressaltar que a estabilização da moeda não foi capaz de gerar uma sociedade para planejar finanças e praticar o consumo consciente.

> A família de antigamente não foi orientada sobre planejamento financeiro, pois viveu a maior parte da vida em uma realidade bem diferente da de hoje. Portanto, na sociedade atual, os princípios familiares e da sociedade foram, de alguma forma, esquecidos em detrimento de um consumo exacerbado e do desejo em aumentar permanentemente o poder de compra. (SECCO et al., 2014, p. 7)

Em concordância, Saito (2007) compreende que o extenso período de inflação no país, afetou significativamente o planejamento econômico-financeiro de longo prazo. Em sua concepção,

> Com a abertura econômica, no início dos anos 90, e o processo de estabilização do Plano Real, o mercado financeiro nacional se transformou e criou novos instrumentos, aumentando a complexidade dos produtos oferecidos. Desse modo, os indivíduos e as famílias passaram a demandar maior conhecimento e informação atualizada para tomar as suas decisões financeiras de maneira fundamentada e segura. (SAITO, 2007, p.68)

E indo além, o governo do Brasil ao invés de propor políticas públicas que contivessem gastos e estimulassem o crescimento econômico, ao contrário, estimulou ao longo dos últimos anos a cultura da oferta de crédito facilitado, o que em voga, contribuiu para incentivar a formação de uma sociedade consumista e, para agravo da situação, promoveu o endividamento da população.

> O governo, incapaz de poupar e realizar os investimentos propulsores do crescimento, procurou, nos últimos anos, ampliar a oferta de crédito, para incentivar o consumo de bens e serviços e, assim, aumentar a produção. No entanto, o consumo das famílias não consegue, sozinho, estimular os investimentos, que geram empregos e elevação da renda. Para agravar esse quadro, a população, despreparada para dimensionar o volume de comprometimento do seu orçamento, avança com ímpeto ao crédito fácil e, endividada, busca caminhos para restaurar o seu equilíbrio. O crescimento desorientado do crédito produz a inadimplência. A partir daí, os empréstimos são interrompidos e a economia reduz a sua

> atividade. Como consequência dessas ações, surge um círculo vicioso de expansão e retração do crescimento. (SAVOIA et al., 2007, p. 4)

Desse modo, "as mudanças econômicas, sociais e tecnológicas crescentes, em todo o mundo, apontaram para a urgência da implementação de ações governamentais com o objetivo de educar financeiramente a população."(SILVA et al., 2014, p. 37)

Numa visão mais categórica, Peter e Palmeira (2013, p. 4) revelam a necessidade de investimentos governamentais na área educacional, para que ocorram mudanças significativas no que tange preparar o educando, enquanto cidadão, a adquirir a capacidade de gerir e administrar suas finanças. Mencionam ainda a precisão de reformular os currículos escolares e introduzir a temática educação financeira desde as séries iniciais, a fim de preparar o aluno para lidar com as constantes mutações da economia capitalista, na qual está inserido.

Capítulo 2

EDUCAÇÃO FINANCEIRA

Muitas atividades cotidianas do indivíduo, enquanto ser social, estão correlacionadas ao uso e aplicação do dinheiro. Tão importante quanto manusear o dinheiro em nosso dia a dia, é saber geri-lo da melhor forma ou tomar a melhor decisão ao aplicá-lo. Lamentavelmente, a falta de preparo e insuficiência de maturidade financeira são agravantes que contribuem para elevar o endividamento do cidadão ou induzir ao consumismo exagerado, sem considerar as consequências dos fatos. Refletir e discutir ações que contribuam para ampliar a compreensão de concepções financeiras inseridas em nossa vida, nos espaços escolares, são algumas das iniciativas propostas pela Educação Financeira, apresentadas neste capítulo.

2.1 CONCEPÇÕES DA EDUCAÇÃO FINANCEIRA

> A Educação Financeira pode ser entendida como um processo de conhecimento que permite o aprimoramento da capacidade financeira dos indivíduos, de modo que estes possam tomar decisões fundamentadas e seguras, tornando-as mais integradas à sociedade com uma postura proativa na busca de seu bem-estar. (SAITO, 2007, p.20-21)

A educação financeira é um conjunto de conceitos e práticas adotados pelos consumidores, assim a OCDE define educação financeira como:

> Educação Financeira é o processo pelo qual os consumidores financeiros/investidores melhoram a sua compreensão sobre os conceitos e produtos financeiros e,

> através da informação, instrução e/ou aconselhamento, objetivos, desenvolvam as habilidades e a confiança para tomar consciência de riscos e oportunidades financeiras, para fazer escolhas informadas, saber onde buscar ajuda e tomar outras medidas eficazes para melhorar a sua proteção e o seu bem-estar financeiro. (OCDE, 2005)

A globalização da economia contribuiu para aprofundar e discutir os estudos sobre a Educação Financeira, sendo uma preocupação comum a muitos países. (SAVOIA et al., 2007, p. 3)

A maioria das pesquisas a respeito do processo de Educação Financeira esta mais concentrada no Canadá, Austrália, Nova Zelândia, Estados Unidos e Reino Unido, sendo que os dois últimos países citados enfocam a abordagem do tema para o ensino médio e ensino superior, além de alguns países da América Latina e da Europa Central e Oriental. (HOLZMANN; MIRALLES, 2005, p. 1127)

O debate acerca da Educação Financeira partiu de investigações desenvolvidas pela OCDE, órgão que tem por propósito fomentar e potencializar as políticas públicas voltadas ao desenvolvimento econômico permanente e, promover o bem-estar social da população mundial, entre os países membros e não membros.

2.2 ORGANIZAÇÃO PARA A COOPERAÇÃO E DESENVOLVIMENTO ECONÔMICO-OCDE

Com o fim em 1960 da OECE (Organização para a Cooperação Econômica Europeia) que foi criada para ajudar países europeus afetados pela Segunda Guerra Mundial, surgiu então a OCDE (Organização para a Cooperação e Desenvolvimento Econômico) que é uma organização de cooperação internacional composta por 35 países com sua sede em Paris.

Figura 6 – logomarca da OCDE

OECD

Fonte: OCDE

Tabela 1 – Países Membros do OCDE

1 - Alemanha	13 - Estônia	25 - México
2 - Austrália	14 - Finlândia	26 - Noruega
3 - Áustria	15 - França	27 - Nova Zelândia
4 - Bélgica	16 - Grécia	28 - Polônia
5 - Canadá	17 - Holanda	29 - Portugal
6 - Chile	18 - Hungria	30 - Reino Unido
7 - Coreia do Sul	19 - Irlanda	31 - República Tcheca
8 - Dinamarca	20 - Islândia	32 - Suécia
9 - Eslováquia	21 - Israel	33 - Suíça
10 - Eslovênia	22 - Itália	34 - Turquia
11 - Espanha	23 - Japão	35 - Letônia
12 - Estados Unidos	24 - Luxemburgo	-

Figura 7 – Países Membros do OCDE

Fonte:<https://mundoeducacao.bol.uol.com.br/geografia/ocde.htm>

Em 2017 o governo do Brasil solicitou a sua entrada na organização, mas ainda não conseguiu sua aprovação.

A OCDE tem como principais objetivos com os seus membros:

1- Crescimento econômico.

2- Crescimento do emprego.

3- Aumentar o nível de vida.

4- Estabilidade financeira.

5- Crescimento do comércio mundial.

Figura 8 – logomarca da ENEF

Fonte: ENEF

Comissão de Valores Mobiliários
Superintendência Nacional de Previdência Complementar
Superintendência de Seguros Privados
Ministério da Justiça e Cidadania
Ministério da Educação
Ministério da Fazenda
Representantes da Sociedade Civil
ANBIMA
$[B]^3$ (Bolsa, Brasil, Balcão)
CNseg
FEBRABAN

A ENEF foi aprovada em junho de 2009 e instituída em 22 de dezembro de 2010, pelo Governo Federal por meio do Decreto nº 7.397/2010, com o propósito "de promover a educação cidadania, a eficiência e solidez do sistema financeiro nacional e a tomada de decisões conscientes por financeira e previdenciária e contribuir para o fortalecimento da parte dos consumidores". (BRASIL, 2010a, Art.1º)

A consolidação efetiva da ENEF se deu em maio de 2011 com a aprovação do Plano Diretor e seus Anexos. Desde então, constituída a ENEF, a temática Educação Financeira tem conquistado espaço como política de Estado e, ações e metas são compartilhadas de modo associado, nas esferas públicas federal, estaduais e municipais. Os assuntos abordados pelo Plano Diretor ENEF e Anexos, foram o ponto de partida e também cruciais para a elaboração e implementação do Programa de Educação Financeira nas Escolas.

Na concepção dos autores SOUZA e HORIZONTE (2012) , "a aprovação da Estratégia Nacional de Educação Financeira (ENEF), foi um ponto onde se constata que, [...], o Brasil está dando a devida importância para a educação financeira."

Temas importantes para ENEF

No site da ENEF foram criados uma série de temas que orientam a gerir melhor o dinheiro e planejar o futuro. Os temas abordam questões importantes e necessárias para tratamento da Educação Financeira de forma eficiente e eficaz. Os temas sugeridos são:

Poupança: Guardar dinheiro permite a realização de muitos sonhos. Aprenda a construir seu pé de meia.

Direitos e deveres: Conheça e exerça seus direitos e deveres sobre produtos e serviços financeiros oferecidos pelos bancos.

Consumo: Consumir de forma sustentável é importante para evitar endividamento.

Crédito: Antes de pegar dinheiro emprestado, saiba escolher as melhores taxas e forma de pagamento.

Previdência: Preparar-se com antecedência para lidar com situações futuras é essencial.

Planejamento: Com a vida financeira na ponta do lápis você traça melhor a conquista de seus objetivos.

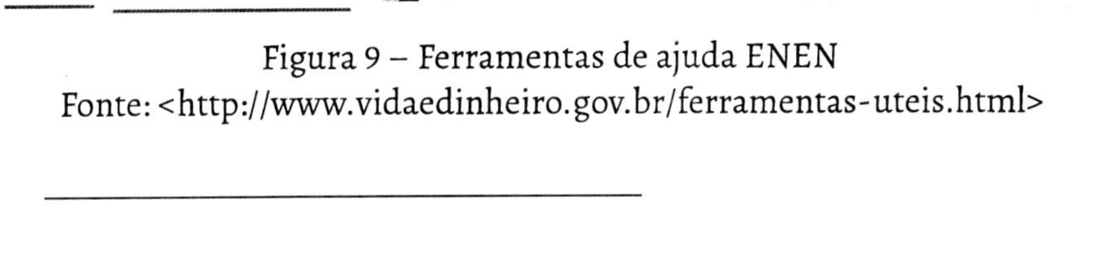

Figura 9 – Ferramentas de ajuda ENEN
Fonte: <http://www.vidaedinheiro.gov.br/ferramentas-uteis.html>

2.4 PROJETO PILOTO DA EDUCAÇÃO FINANCEIRA NAS ESCOLAS

No período de 2010 a 2011, a ENEF iniciou um projeto da Educação Financeira nas escolas aplicando um projeto piloto em 891 escolas públicas de Ensino

Médio, em seis unidades da federação.

Para o projeto piloto, foi criado pela ENEF um documento de ORIENTAÇÕES PARA EDUCAÇÃO FINANCEIRA NAS ESCOLAS que teve por objetivo a inserção da Educação Financeira nas escolas apresentadas em dois grupos: o Espacial e o Temporal. (DINHEIRO, 2015)

Na Dimensão espacial o objetivo era formar para a cidadania, com também ensinar a consumir e a poupar de modo ético, consciente e responsável, oferecendo conceitos e ferramentas para a tomada de decisão autônoma baseada em mudança de atitude, sem esquecer de perpetuar o projeto, formando disseminadores.

Na Dimensão temporal o objetivo era ensinar a planejar a curto, médio e longo prazo, desenvolvendo a cultura da prevenção e proporcionar possibilidade de mudança da condição atual.

Figura 10 – Dimensões espacial e temporal da Educação Financeira- (ENEF,2010)

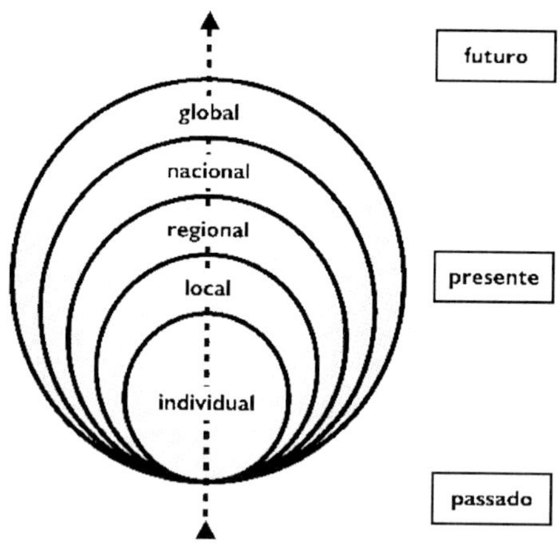

Para isso os conteúdos já na dimensão espacial (individual e social) e temporal(ações e decisões do passado, presente e futuro), uma relacionada com a outra. Desta forma ao abordar no âmbito individual sugere temas como o equilíbrio da vida financeira, consumo e poupança e no âmbito social sugere temas com variáveis da vida financeira e instituições que compõem o Sistema Financeiro Nacional.

Seguindo o mesmo documento em contexto as orientações pedagógicas para criação do currículo seria multidisciplinar, interagindo entre as áreas do conhecimento, atendo a certos requisitos para uma melhor qualidade de vida, exercício pleno da cidadania, implicação de todas as esferas governamentais, vida coletiva, superar as indiferenças e de intervir nos rumos da nação de forma responsável.

Para finalizar, temos a publicação elaborada pelo ENEF chamada de RESULTADOS DA AVALIAÇÃO DE IMPACTO DO PROJETO PILOTO DE EDUCAÇÃO FINANCEIRA NAS ESCOLAS concluiu que:

> Nossos resultados sugerem que o programa de educação financeira nas escolas aumentou o conhecimento financeiro dos alunos e melhorou suas atitudes financeiras. O programa também levou a mudanças no comportamento financeiro dos alunos. Especificamente, devido ao programa, os alunos estão mais propensos a poupar e administrar suas despesas, conversar com seus pais sobre questões financeiras e ajudar a organizar o orçamento familiar. Esses efeitos se mantiveram no curto e no longo prazo, o que permite afirmar a sustentabilidade e longevidade do treinamento que os alunos receberam [1].

Em 2014 a ENEF lançou uma plataforma aberta [2] de acesso aos livros de educação financeira, disponibilizando todo o conteúdo para download de forma gratuita, possibilitando a todos uma continuação do projeto.

Como parte do Programa de Educação Financeira, iniciado em 2003, a OCDE publicou em 2008 o relatório de programas de Educação Financeira nas escolas: análise de programas atuais selecionados e literatura de projetos de recomendações para as melhores práticas.

> Esse relatório teve como objetivo analisar os programas de Educação Financeira existentes nas escolas e estabelecimentos de ensino e analisar as pesquisas disponíveis sobre a eficácia das iniciativas sobre o assunto destinado a crianças e adolescentes em idade escolar em alguns dos seus países membros e em países não membros da OCDE. (SILVA; POWELL, 2013, p. 37)

Dentre os documentos orientadores voltados para a Educação Financeira nas Escolas está o documento Orientações para Educação Financeira nas Escolas, elaborado sob a coordenação do Instituto Unibanco, parte integrante do Plano Diretor ENEF, responsável por consolidar a ENEF e ainda viabilizar a

---

1 Release elaborado pela BM&FBOVESPA baseado nos dados informados pelo Banco Mundial para o 2º Workshop de Divulgação dos Resultados da ENEF- Estratégia Nacional de Educação Financeira, em junho de 2012.

2 <http://www.vidaedinheiro.gov.br/programas-44-ensino-medio.html>

O Programa de Educação Financeira nas Escolas contempla dois projetos, estes estão voltados para o Ensino Fundamental e Ensino Médio, apresentados por um projeto pedagógico e um conjunto de livros para professor e aluno, em cada nível de ensino. Sendo a base da pesquisa o Ensino Médio, o enfoque será dado a esta etapa da Educação Básica [3].

O programa foi testado, como projeto piloto, entre maio de 2010 e dezembro de 2011, em turmas do 2º e 3º anos do Ensino Médio. Foram envolvidas 891 escolas públicas no Distrito Federal e nos estados do Tocantins, Rio de Janeiro, Minas Gerais, São Paulo e Ceará, tendo a participação de 1.200 educadores e cerca de 27.000 alunos, com idades entre 14 a 17 anos. (BRASIL, 2012a)

A experiência de se informar sobre finanças produziu transformações significativas na vida dos jovens estudantes e de suas famílias, e rendeu ao Brasil referência nessa modalidade de ensino. O relatório *The impact of high school financial education – experimental evidence from Brasil* (O impacto da educação financeira no ensino médio – a experiência do Brasil, em tradução livre), do Banco Mundial, apontou os benefícios do projeto para a população jovem brasileira. A avaliação do Banco Mundial apontou que os jovens estudantes aumentaram a capacidade de economizar, listar despesas mensais, negociar preços e formas de pagamentos, projetar planos futuros, além de discutir sobre orçamento doméstico com a família. (BRUHN et al., 2013)

Por conseguinte,

> A implantação da Educação Financeira nas escolas se justifica por diversas razões amplamente estudadas pelos países que já acumularam experiência na área. Dentre essas razões se destacam os benefícios de se conhecer o universo financeiro e de tomar decisões financeiras adequadas, que fortaleçam o comando autônomo da própria vida e, por extensão, do âmbito familiar e comunitário. (BRASIL, 2010d, p. 1)

Atualmente, a AEF-Brasil debate melhorias do Programa de Educação Financeira nas Escolas, através do Plano de Trabalho 2015/16 [4]. O documento mencionado estará voltado às ações que dão continuidade ao projeto de disseminação dos materiais educativos do Ensino Médio e ao projeto piloto do Ensino Fundamental. Dentre as perspectivas, está a transposição do material educativo do Programa Educação Financeira nas Escolas – Ensino Médio

---

3 <http://www.edufinanceiranaescola.gov.br>

4 O documento é fruto de um processo construtivo que considerou as perspectivas das Diretrizes Propostas pelo CONEF, a visão técnica da equipe da AEF-Brasil, as contribuições de instituições parceiras e a deliberação do Conselho Administrativo da organização.

em formato e-Book, com intuito de ampliar e contemplar o acesso de maior número de escolas ao programa. (BRASIL, 2015)

2.5 A EDUCAÇÃO FINANCEIRA NO ÂMBITO ESCOLAR

A Educação Financeira, no Brasil, ainda é um assunto pouco recorrente para boa parte da população, tanto no ambiente familiar, quanto nos espaços escolares.

Sobre o descaso e a pouca importância dada ao assunto nas instituições públicas de ensino, Martins (2011) faz duras críticas às políticas educacionais do país.

> Os formuladores das políticas de ensino nun-ca explicaram porque dão mais importância a nomes de reis e rainhas do que a noções de comércio, de finanças e de impostos. Esse problema não é exclusivamente brasileiro. Mesmo na Europa e nos Estados Unidos, a educação financeira não faz parte das políticas educacionais, ou pelo menos não fazia, pois, aos poucos, esse assunto vem sendo introduzido nos currículos escolares. (MARTINS, 2011, p. 56)

Do mesmo modo, tratar de planejamento de finanças, consumo consciente, orçamento doméstico, dentre outras questões pertinentes ao tema dinheiro, também não é usual.

> A Educação Financeira nos países desenvolvidos tradicionalmente cabe às famílias. Às escolas fica reservada a função de reforçar a formação que o aluno adquire em casa. No Brasil, infelizmente, a Educação Financeira não é parte do universo educacional familiar. Tampouco escolar. Assim, a criança não aprende a lidar com dinheiro nem em casa, nem na escola. As consequências deste fato são determinantes para uma vida de oscilações econômicas, com graves repercussões tanto na vida do cidadão, quanto na do país. (D'AQUINO, 2010)

Sobre o pensamento de Cássia D'Aquino, a necessidade de inserção do tema Educação Financeira nas escolas públicas brasileiras é recorrente de discussões acerca da premência de estimular o desenvolvimento de habilidades que propiciem a reflexão do comportamento dos indivíduos frente à autonomia financeira consciente.

E NAZARIO et al. (2011, p. 3) consideram que o estudo da Educação Financeira é imprescindível. De acordo com o julgamento dos autores, a temática deve ser abordada entre os jovens do Ensino Médio, haja vista que nessa idade iniciam o contato mais direto com o dinheiro, tendo que administrá-lo, mesmo quando este não seja oriundo de seu próprio trabalho, há de se considerar que são consumidores de produtos e serviços. Desse modo, educados financeiramente, tais jovens intensificarão a prática do consumo consciente, bem como aperfeiçoarão a compreensão dos aspectos do universo financeiro.

Destarte, no que diz respeito à abordagem da Educação Financeira nas instituições escolares, o tema é mencionado nas diretrizes e orientações educacionais dos PCNs para o Ensino Fundamental II "podendo ser estendido ao Ensino Médio" (grifo nosso). Os PCNs que tratam dos Temas Transversais, apresenta o capítulo Trabalho e Consumo e sugere a necessidade de abordar questões relacionadas à Educação Financeira no ambiente escolar, embora ainda não haja a clara exigência, por parte do sistema educacional brasileiro.

> Não há obrigatoriedade da educação financeira no sistema de ensino. O MEC preconiza a contextualização do ensino, que pressupõe um processo de aprendizagem apoiado no desenvolvimento de competências para inserção dos estudantes na vida adulta, mediante a multidisciplinaridade, o incentivo do raciocínio e da capacidade de aprender. (SAVOIA et al., 2007, p. 1134)

A despeito da relação que se faz, a Educação Financeira se volta à prática de conceitos não apenas matemáticos, além disso, direciona a aquisição de uma postura consciente ao consumo responsável, sustentável e favorável.

> No ensino de matemática, recomenda-se estimular: a capacidade de leitura e interpretação de textos com conteúdo econômico; a habilidade de análise e julgamento dos cálculos de juros nas vendas a prazo; a compreensão do relacionamento entre a matemática e os demais campos de conhecimento, como a economia; a utilização desta para promover ações de defesa dos direitos do consumidor. (SAVOIA et al., 2007, p. 1134)

Cabe ressaltar que não se versa a Educação Financeira como uma disciplina extracurricular, mas propõe a discussão de aspectos acerca de princípios para o exercício da cidadania, relações de trabalho e consumo, diametralmente, às aulas de Matemática, Ciências, História, Geografia e Língua Portuguesa, no intuito de viabilizar "a preparação básica para o trabalho e a cidadania do educando."(LDB, 1996, art.35)

> A educação financeira, entendida como um tema transversal, dialoga com as diversas disciplinas dos currículos do Ensino Fundamental e Médio, de forma a possibilitar ao estudante compreender como concretizar suas aspirações e estar preparado para as diversas fases da vida. (BRASIL, 2013)

De tal modo, a OCDE (2004) destaca que a Educação Financeira sempre exerceu papel significativo na vida dos cidadãos enquanto consumidores de produtos e serviços, pois auxilia-os a orçar e gerir a sua renda, a poupar, a investir e a evitar que se tornem vítimas de fraudes. É válido considerar que sua relevância é crescente, nos últimos anos, devido o desenvolvimento dos mercados financeiros, das mudanças demográficas, econômicas e políticas.

Os autores Silva e Powell (2013, p. 2) consideram que seja importante a inserção da Educação Financeira nas escolas públicas brasileiras, até por ser um tema em voga em vários países. Em observância aos documentos e material didático produzidos para o Programa de Educação Financeira nas Escolas, os autores analisam com apreensão, que aspectos como a carência de cursos de formação voltados para a capacitação de profissionais da educação e a participação apenas de representantes do governo e de profissionais ligados à entidades financeiras particulares na elaboração da proposta do programa de Educação Financeira nas Escolas, caracterizando-os como pontos negativos, que podem contribuir para o insucesso do mesmo. No entanto, ponderam que no Brasil, presentemente, há um crescente número de pesquisadores do campo da Educação Matemática interessados em ampliar a discussão, investigação e reflexão a respeito da Educação Financeira e sua implantação nas escolas públicas, sendo tal fator o diferencial para o avanço do programa nas escolas públicas.

De fato, a relevância do assunto permite considerar que a abordagem de conceitos que envolvem a temática Educação Financeira contribui para que o aluno aprenda a administrar seu dinheiro, gerenciar suas finanças desde cedo, adquirir conhecimento, postura e experiências para a vida adulta, desenvolver sua educação financeira e assim tornar-se um consumidor consciente.

A ampliação da temática Educação Financeira em sala de aula será apresentada no capítulo 6.1, quando há de se propor sequências didáticas que envolvem o assunto, conectando-os aos conceitos da Matemática Financeira a serem abordados posteriormente.

Capítulo 3

MATEMÁTICA BÁSICA

O presente capítulo trata da base teórica de conceitos pertinentes e relevantes ao estudo e aprofundamento da Matemática Básica. Serão abordados, de forma sucinta, o Princípio da Indução Matemática, uma demonstração da Desigualdade de Bernoulli, além de apresentar as definições primordiais de sequências e séries numéricas com suas características, propriedades e exemplos práticos, para melhor compreensão do assunto.

3.1 PRINCÍPIO DA INDUÇÃO MATEMÁTICA

O Princípio da Indução Matemática é uma ferramenta útil na demostração de propriedades que envolvem números naturais. O método consiste em dois passos. O primeiro passo consiste em provar a afirmação para o primeiro número natural. O segundo passo, conhecido como passo de indução, consiste em provar que se a afirmação vale para um número natural qualquer, então ela também vale para o próximo número natural. O Princípio é enunciado com frequência como se segue:

Princípio da Indução Matemática: Seja P_n uma propriedade sobre o número natural n, então suponhamos que:

1. P_1 é Verdadeira.
2. P_{k+1} é Verdadeira sempre que P_k for Verdadeira.

Então, P_n é Verdadeira para todo número natural n.

O Princípio é fácil de compreender, pois uma vez que P_1 é verdadeira, segue da condição 2, com $k = 1$, que P_2 é verdadeira. Daí, sendo P_2 é verdadeira P_3 é verdadeira pela condição 2. E novamente pela condição 2, P_3 verdadeira acarreta P_4 verdadeira. Seguindo indefinidamente com esse procedimento tem-se que P_n é verdadeira para os n seguintes. Para uma demostração do princípio da indução o leitor pode consultar Gonçalves (1979).

3.1.1 Desigualdades de Bernoulli

Abordaremos agora a Desigualdade de Bernoulli, assim denominada para homenagear o matemático suiço Jakob Bernoulli(1654-1705).
Desigualdade de Bernoulli. $(1+x)^n \geq 1 + x \cdot n$, para todo inteiro positivo n e todo $x \geq -1$.
Demonstração: Seja P_n a proposição $(1+x)^n \geq 1 + x.n$
1) Como $(1+x)^1 \geq 1 + 1 \cdot x$, P_1 é verdadeira.
2) Suponhamos que P_k é verdadeira então: $(1+x)^k \geq 1 + k.x$
Multiplicando ambos os lados de $(1+x)^k \geq 1 + k \cdot x$ por $(1+x)$ obtemos

$$(1+x)^{k+1} \geq (1+kx) \cdot (1+x), \text{ pois } 1 + x \geq 0.$$

Daí, $(1+x)^{k+1} \geq 1 + (k+1)x + kx^2$. Como $kx^2 \geq 0$, concluímos que:

$$(1+x)^{k+1} \geq 1 + (k+1)x$$

Assim, mostramos que P_k implica em P_{k+1}, para todo $k \in \mathbb{N}$. Portanto, pelo Princípio da Indução,

$$(1+x)^n \geq 1 + x \cdot n, \ \forall n \in \mathbb{N} \, e \, \forall x \geq -1.$$

3.2 SEQUÊNCIAS E SÉRIES

O estudo de sequências e séries são requisitos básicos para a compreensão de Progressões Aritméticas (PA), Progressões Geométricas (PG), Limites e outros assuntos que serão abordados posteriormente.

3.2.1 Sequências Numéricas

O termo sequência vem da ideia de sucessores, assim uma sequência numérica são sucessivos valores de números que seguem um padrão matemático determinado por uma função real.

Definição 3.1 *Uma* ***sequência*** *de números reais é uma função* $a : \mathbb{N} \longrightarrow \mathbb{R}$, *definida no conjunto* $\mathbb{N} = \{1, 2, 3, ..\}$ *dos números naturais e tomando valores no conjunto* $\mathbb{R}$ *dos números reais. O valor de* $a(n)$, *para todo* $n \in \mathbb{N}$, *será representado por* a_n *e chamado o termo de ordem n, ou n-ésimo termo da sequência. (LIMA, 2004)*

Escrevemos $\{a_1, a_2, ..., a_n, ...\}$, ou $\{a_n\}_{n=1}^{\infty}$ para denotar a sequência a, cujo n-ésimo termo é a_n

Exemplo (Sequência de Fibonacci)

A Sequência de Fibonacci, é a sequência numérica proposta pelo matemático Leonardo de Pisa, mais conhecido como Fibonacci. A partir de uma situação problema elaborada pelo próprio matemático, Fibonacci observou e descreveu a existência de uma regularidade matemática no crescimento de uma população de coelhos. Para tanto, segue o exemplo clássico da reprodução dos coelhos:

Um certo homem tem um par de coelhos num determinado local cercado, e quer saber quantos são criados por esse par num ano, quando é natural que eles gerem num mês outro par, e no segundo mês, os que nasceram, geram também.

Como Regra temos:

1-No primeiro mês nasce apenas um casal;
2-Casais amadurecem e reproduzem-se apenas após o segundo mês de vida;
3-Não há problemas genéticos no cruzamento consanguíneo;
4-Todos os meses, cada casal fértil dá à luz um novo casal;
5-Os coelhos nunca morrem.

Legenda: A= Casal adulto e F= Casal filhote

Assim a cada mês teremos:

1ºmês: $F = 1$
2ºmês: $A = 1$
3ºmês: $AF = 1 + 1 = 2$
4ºmês: $AAF = 2 + 1 = 3$
5ºmês: $AAAFF = 3 + 2 = 5$
6ºmês: $AAAAAFFF = 5 + 3 = 8$

Deste modo, temos a sequência Fibonacci $\{a_n\}$=$\{1,1,2,3,5,8,13,21,34, 55,89,144,...\}$, onde $a_1 = 1$ é o primeiro termo, $a_2 = 1$ é o segundo termo, e a partir do terceiro termo

$$a_n = a_{n-1} + a_{n-2}, \ n \geq 3$$

.

Limite de sequências de Números Reais.

Algumas dessas sequências à medida que n cresce, os termos a_n se aproximam de um determinado valor L, dizemos assim que a sequência tem o limite L. Deste modo, a sequência é denominada **convergente**. Para entender melhor vejamos um exemplo sobre limites, onde usamos a referência NETO (2014). Consideremos a sequência $\left\{\frac{1}{n}\right\} = \left\{1, \frac{1}{2}, \frac{1}{3}, \frac{1}{4}, \frac{1}{5}, \ldots, \frac{1}{n}, \ldots\right\}$. Tomemos um intervalo de centro zero e raio pequeno, digamos $\left(-\frac{1}{10^{10}}, \frac{1}{10^{10}}\right)$. Como $\frac{1}{10^{11}} < \frac{1}{10^{10}}$, temos que $\frac{1}{10^{11}} \in \left(-\frac{1}{10^{10}}, \frac{1}{10^{10}}\right)$.

Além disso temos também que,

$$\frac{1}{n} \in \left(-\frac{1}{10^{10}}, \frac{1}{10^{10}}\right), \forall\, n \geq 10.000.000.001,$$

mostrando que a partir de um certo valor de n, a saber

$$n = 10.000.000.001,$$

todos os termos da sequência pertencem ao intervalo $\left(-\frac{1}{10^{10}}, \frac{1}{10^{10}}\right)$. Mostraremos agora que dado qualquer número $\varepsilon > 0$, existe um número n_0 tal que $\frac{1}{n} \in (-\varepsilon, \varepsilon)$, $\forall\, n \geq n_0$. Com efeito, como o conjunto dos números naturais é ilimitado superiormente, $\exists\, n_0 \in \mathbb{N}$ tal que $n_0 > \dfrac{1}{\varepsilon}$ ou $\varepsilon > \dfrac{1}{n_0}$. Mas como,

$$\frac{1}{n} \leq \frac{1}{n_0} < \varepsilon, \ \forall\, n \geq n_0,$$

Concluímos que,

$$\frac{1}{n} \in (-\varepsilon, \varepsilon), \ \forall\, n \geq n_0,$$

por menor que seja o número $\varepsilon > 0$. Como o número $\varepsilon > 0$ pode ser escolhido arbitrariamente pequeno não importando o quão pequeno ele seja , sempre existirá, para essa escolha de ε, um inteiro positivo n_0 tal que $\frac{1}{n} \in (-\varepsilon, \varepsilon)$, $\forall\, n \geq n_0$. Neste caso, dizemos que os termos da sequência se aproximam de zero quando n cresce arbitrariamente e escrevemos:

$$\lim_{n \to \infty} \frac{1}{n} = 0$$

Definição 3.2 *Sejam $\{a_n\}$ uma sequência e L um número real. Dizemos que $\{a_n\}$ converge para L, ou é convergente para L, e escrevemos $\lim_{n\to\infty} a_n = L$, quando para qualquer número $\varepsilon > 0$ dado (por menor que ele seja), for possível encontrar um inteiro $n_0 \geq 1$, tal que $a_n \in (L - \varepsilon, L + \varepsilon)$, $\forall\, n > n_0$. (NETO, 2014)*

Propriedades de Limite para sequências.

Usando a definição de 1.2 pode se provar as seguintes propriedades de Limite para sequências.(STEWART, 2010)

Figura 12 – Limite

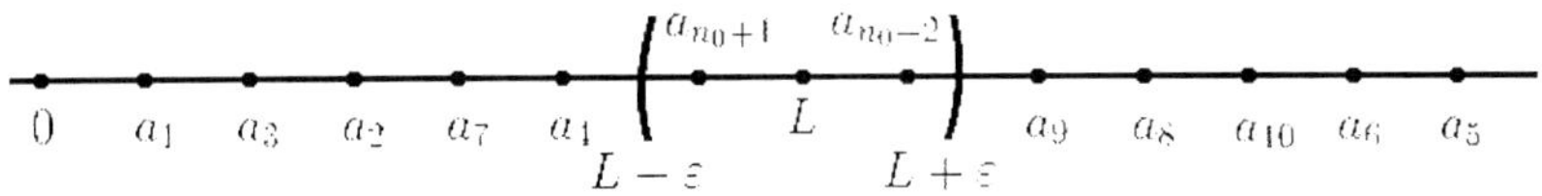

Fonte: Autoria própria.

Sejam $\{a_n\}$ e $\{b_n\}$ sequências convergentes e c uma constante. Então,

1. $\lim\limits_{n\to\infty}(a_n + b_n) = \lim\limits_{n\to\infty} a_n + \lim\limits_{n\to\infty} b_n$
2. $\lim\limits_{n\to\infty}(a_n - b_n) = \lim\limits_{n\to\infty} a_n - \lim\limits_{n\to\infty} b_n$
3. $\lim\limits_{n\to\infty}(c.a_n) = c.\lim\limits_{n\to\infty} a_n$
4. $\lim\limits_{n\to\infty}(a_n.b_n) = \lim\limits_{n\to\infty} a_n.\lim\limits_{n\to\infty} b_n$
5. $\lim\limits_{n\to\infty}(\frac{a_n}{b_n}) = \frac{\lim\limits_{n\to\infty} a_n}{\lim\limits_{n\to\infty} b_n}$, se $\lim\limits_{n\to\infty} b_n \neq 0$
6. $\lim\limits_{n\to\infty} c = c$

Quando uma sequência não converge, dizemos que ela diverge ou que é uma sequência divergente. Uma sequência pode divergir de modo que seus termos a_n se tornem arbitrariamente grandes. Isto significa que, dado qualquer $M > 0$, existe um $n_0 \in \mathbb{N}$ tal que $a_n > M$, $\forall\, n > n_0$. Neste caso, dizemos que a sequência a_n tende para $+\infty$ e escrevemos $\lim\limits_{n\to\infty} a_n = +\infty$.

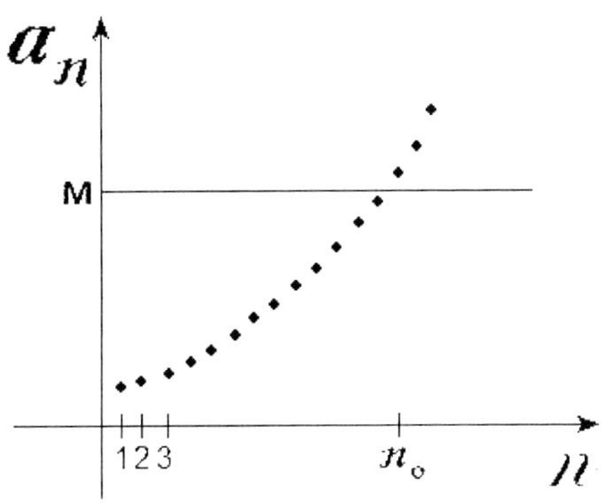

Figura 13 – Gráfico: sequência não convergente
Fonte: Autoria própria

Limite de sequências exponenciais

Consideremos $\{a_n\} = \{a^n\} = \{a^1, a^2, a^3, ..., a^n, ...\}$, uma sequência exponencial. O estudo de sua convergência levará em consideração sua base, isto é, para valores compreendidos nos intervalos $0 < a < 1$ (decrescente) e $a > 1$ (crescente). Temos o seguinte resultado.

Teorema 3.1 *A sequência $\{a^n\}$ é convergente se $-1 < a \leq 1$, e divergente se $a \leq -1$ ou $a > 1$.*

Demonstração:

• Para $0 < a < 1$, podemos escrever $a = \dfrac{1}{1+c}$, para algum $c > 0$. Pela Desigualdade de Bernoulli, $(1+c)^n \geq 1 + n \cdot c$. Daí,

$$0 < a^n = \frac{1}{(1+c)^n} \leq \frac{1}{1+n \cdot c}$$

Mostraremos agora que dado qualquer $\epsilon > 0$, $\exists\, n_0 \in \mathbb{N}$ tal que $a^n \in (-\epsilon, \epsilon)$, $\forall\, n \geq n_0$. Com efeito, como $\mathbb{N}$ é ilimitado superiormente, $\exists\, n_0 \in \mathbb{N}$ tal que

$$1 + n_0 \cdot c > \frac{1}{\epsilon} \text{ ou } \frac{1}{1+n_0 \cdot c} < \frac{1}{\epsilon}$$

Mas,

$$0 < a^n \leq \frac{1}{1+n \cdot c} \leq \frac{1}{1+n_0 \cdot c} < \epsilon, \ \forall n \geq n_0$$

.

Assim, $a^n \in (-\epsilon, \epsilon)$, $\forall\, n \geq n_0$. Portanto,

$$\lim_{n\to\infty} a^n = 0, \text{ se } 0 < a < 1.$$

• Para $a > 1$, podemos escrever $a = 1 + c$, para algum $c > 0$. Novamente pela Desigualdade de Bernoulli,

$$a^n = (1+c)^n \geq 1 + n \cdot c$$

Mostraremos agora que dado qualquer $M > 0$, $\exists\, n_0 \in \mathbb{N}$ tal que $a^n > M$, $\forall\, n \geq n_0$. Com efeito, como $\mathbb{N}$ é ilimitado superiormente, $\exists\, n_0 \in \mathbb{N}$ tal que $n_0 > \dfrac{M-1}{c}$ ou $1 + n_0 \cdot c > M$. Daí,

$$a^n \geq 1 + n \cdot c \geq 1 + n_0.c > M, \ \forall\, n \geq n_0$$

Portanto,

$$\lim_{n\to\infty} a^n = +\infty \text{ , } se\, a > 1.$$

• Para $a = 1$,

$$\lim_{n\to\infty} a^n = \lim_{n\to\infty} 1^n = \lim_{n\to\infty} 1 = 1$$

• Para $a = 0$,

$$\lim_{n\to\infty} a^n = \lim_{n\to\infty} 0^n = \lim_{n\to\infty} 0 = 0$$

• Para $a = -1$,

$$a^n = \begin{cases} -1, & se\ n\ impar \\ 1, & se\ n\ par \end{cases}$$

Neste Caso,

$$a^n = \{-1, 1, -1, 1, -1, 1, \ldots\}.$$

Como seus termos oscilam entre os valores 1 e -1, a_n não se aproxima de nenhum valor. Então,

$$\lim_{n\to\infty} a^n = \lim_{n\to\infty} (-1)^n,$$

que não existe. Logo, a sequência $\{a_n\} = \{(-1)^n\}$ é divergente.

• Para $-1 < a < 0$, temos que $0 < |a| < 1$. Daí $|a^n| = |a|^n < 1$. Logo, $\lim_{n\to\infty} |a|^n = 0$.

Isto significa que dado $\epsilon > 0$, $\exists\, n_0 \in \mathbb{N}$, tal que $|a^n| \in (-\epsilon, \epsilon)$, $\forall\, n \geq n_0$. Daí, $0 < |a^n| < \epsilon, \forall\, n \geq n_0$.Consequentemente,$-\epsilon < a^n < \epsilon$, $\forall\, n \geq n_0$. Assim,

$$\lim_{n\to\infty} a^n = 0, \ se\ -1 < a < 0.$$

• Para $a < -1$, a sequência a^n diverge, pois seus termos oscilam entre valores maiores que 1 e menores que -1 (figura 4).

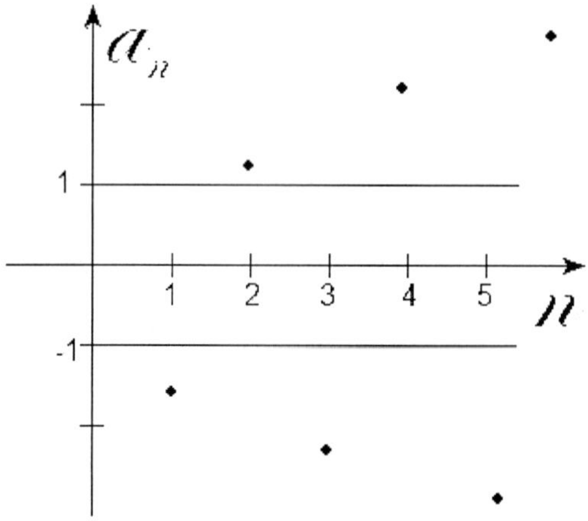

Figura 14 – Gráfico: sequência exponencial $a < -1$
Fonte: Autoria própria

Assim, concluímos que a sequência a^n é convergente se $-1 < a \leq 1$ e divergente se $a \leq -1$ ou $a > 1$:

$$\lim_{n \to \infty} a^n = \begin{cases} 0, \; se \; -1 < a < 1 \\ 1, \; se \; a = 1 \\ +\infty, \; se \; a > 1 \\ \nexists, \; se \; a \leq -1 \end{cases}$$

Observaremos alguns exemplos destas sequências para cada caso.

Exemplos: Vejamos a tabela 1,

•Para o intervalo de $-1 < a < 1$ temos como exemplo a sequência $\{a_n\} = \{(0,1)^n\}$.

•Para o intervalo de $a = 1$ temos como exemplo a sequência $\{a_n\} = \{1^n\}$.

•Para o intervalo de $a > 1$ temos como exemplo a sequência $\{a_n\} = \{10^n\}$.

•Para o intervalo de $a \leq -1$ temos como exemplo a sequência $\{a_n\} = \{(-1)^n\}$.

Tabela 2 – Tabela com exemplos da sequência exponencial $\{a_n\}$ em intervalos (I) diferentes

I	$-1 < a < 1$	$a > 1$	$a = 1$	$a \leq -1$
a^k	$(0,1)^k$	10^k	1^k	$(-1)^k$
a^1	0,1	10	1	-1
a^2	0,01	100	1	1
a^3	0,001	1.000	1	-1
a^4	0,0001	10.000	1	1
a^5	0,00001	100.000	1	-1
a^6	0,000001	1.000.000	1	1
$\vdots$	$\vdots$	$\vdots$	$\vdots$	$\vdots$
a^n	$0,\underbrace{00000\ldots0}_{n-1}1$	$1\underbrace{00000\ldots0}_{n}$	1	-1, se n é impar ou ou 1, se n é par

Fonte: Autoria própria

Sequência numérica convergindo para o número de Euler

A sequência $\{a_n\} = \left\{\left(1+\frac{1}{n}\right)^n\right\} = \left\{2, \frac{9}{4}, \frac{64}{27}, \frac{625}{256}, .., \left(1+\frac{1}{n}\right)^n, \ldots\right\}$ converge para o número e, conhecido como número de Euler, onde e é um número irracional cujo valor correto até a sétima casa decimal é $e \cong 2,7182818$:

$$\lim_{n\to\infty}\left(1+\frac{1}{n}\right)^n = e$$

Apesar de não provarmos este fato aqui podemos nos convencer dele ao examinar a tabela abaixo, que pode ser construída com auxílio de uma calculadora. Vejamos:

3.2.2 Séries Numéricas

Após compreendermos o conceito de sequência numérica, analisaremos o somatório dos seus infinitos termos, denominado **Série Numérica**.

$$S_n = a.\frac{(r^n - 1)}{(r - 1)}, \; se\, r \neq 1 \qquad (3.1)$$

Se $r \leq -1$ ou $r > 1$, a sequência $\{r^n\}$ é divergente e daí, $\{S_n\}$ diverge. Logo, a série geométrica é divergente se $r \leq -1$ ou $r > 1$.

Se $r = 1$, $\lim_{n\to\infty} S_n = \lim_{n\to\infty} \{a+a+a+\cdots+a+\cdots\} = \lim_{n\to\infty} n.a = \begin{cases} \infty, & se\, a > 0 \\ -\infty, & se\, a < 0 \end{cases}$.

Logo, a série geométrica é divergente se $r = 1$.

Se $|r| < 1$, então o $\lim_{n\to\infty} r^n = 0$. Daí, $\lim_{n\to\infty} S_n = \frac{a}{1-r}$.

Portanto, a série geométrica converge somente se $|r| < 1$. Neste caso, sua soma é $\frac{a}{1-r}$.

Exemplo: Considere a série geométrica com o 1^0 termo $a_1 = 1$ e razão $r = \frac{1}{2}$, tal que

$$\Sigma_{n=0}^{\infty} \frac{1}{2^n} = 1 + \frac{1}{2^1} + \frac{1}{2^2} + \frac{1}{2^3} + \frac{1}{2^4} + \frac{1}{2^5} + \cdots . = 2.$$

Vejamos o Calculo:

$$\Sigma_{n=0}^{\infty} \frac{1}{2^n} = \frac{a}{1-r} = \frac{1}{1-\frac{1}{2}} = 2$$

3.3 PROGRESSÕES

O estudo das progressões se faz necessário, pois são requisitos básicos no estudo do regime de capitalização, séries de pagamentos e sistema de amortizações, assuntos esses de grande relevância para o estudo de Educação Financeira.

3.3.1 Progressões Aritméticas

Definição 3.5 *Chama-se Progressão Aritmética (PA) uma sequência dada pela seguinte fórmula de recorrência:*

$$\begin{cases} a_1 = a \\ a_n = a_{n-1} + r, \forall n \in \mathbb{N}, n \geq 2 \end{cases}$$

onde a e r são números reais dados. (IEZZI; HAZZAN, 2004)

Assim, uma PA é uma sequência de números reais, cada um dos seus termos, a partir do segundo, é a soma do anterior com uma constante r denominada razão da PA.

Fórmula do Termo Geral de uma PA

Para determinar o termo geral de uma P.A. procederemos como se segue:

$$a_1 = a_1$$
$$a_2 = a_1 + r$$
$$a_3 = a_2 + r$$
$$\vdots$$
$$a_n = a_{n-1} + r$$

Somando os termos acima, obtemos:

$$a_1 + a_2 + a_3 + \cdots + a_{n-1} + a_n = a_1 + a_1 + r + a_2 + r + a_3 + r + \cdots + a_{n-1} + r$$

Organizando os termos:

$$(a_1 + a_2 + a_3 + \cdots + a_{n-1}) + a_n = a_1 + (a_1 + a_2 + a_3 + \cdots + a_{n-1}) + \underbrace{(r + r \cdots + r)}_{n-1}$$

Acrescentando $-(a_1 + a_2 + a_3 + \cdots + a_{n-1})$ em ambos os membros da equação temos:

$$a_n = a_1 + \underbrace{(r + r \cdots + r)}_{n-1} \text{ ou simplesmente, } a_n = a_1 + (n-1).r$$

Os pontos (n, a_n) do gráfico de uma PA estão sobre o gráfico da Função Afim $f(x) = a_1 + r.x$, conforme a figura 6.

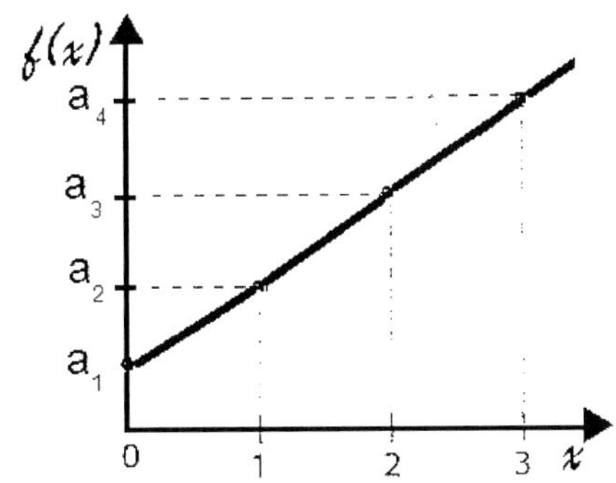

Figura 16 – Gráfico: PA sobre uma função afim
Fonte: Autoria própria

Soma dos n primeiros Termos de uma PA

Denotamos por S_n a soma dos n primeiros termos de uma PA, temos:

$S_n = a_1 + a_2 + a_3 + \cdots + a_{n-1} + a_n$

Ou na ordem decrescente dos seus termos,

$S_n = a_n + a_{n-1} + a_{n-2} + \cdots + a_2 + a_1$

Somando em pares cada elemento de uma ordem com o respectivo da outra tal que:

$2S_n = (a_1 + a_n) + (a_2 + a_{n-1}) + (a_3 + a_{n-2}) + \cdots + (a_{n-1} + a_2) + (a_n + a_1)$

Como a soma de 2 termos equidistantes das extremidades é igual à soma dos extremos numa P.A. finita, isto é, $a_p + a_{n-(p-1)} = a_1 + (p-1)r + a_n - (p-1)r = a_1 + a_n$, que resulta em, $a_1 + a_n = a_2 + a_{n-1} = a_3 + a_{n-2} = \cdots = a_{n-1} + a_2 = a_n + a_1$. Assim temos:

$$2S_n = \underbrace{(a_1 + a_n) + (a_1 + a_n) + (a_1 + a_n) + \cdots + (a_1 + a_n) + (a_1 + a_n)}_{n\ parcelas}$$

$2S_n = (a_1 + a_n) \cdot n$

Ou seja,

$$S_n = \frac{(a_1 + a_n)}{2} \cdot n \tag{3.2}$$

Exemplo: Dada a PA:$\{1, 4, 7, 10, \cdots\}$, determine:

a) O 10º termo da PA.

$a_n = a_1 + (n-1) \cdot r$

$a_{10} = 1 + (10 - 1) \cdot 3 = 1 + 9 \cdot 3 = 28$

b) A soma dos 10 primeiros termos da PA.

$S_n = \dfrac{(a_1 + a_n)}{2} \cdot n$

$S_{10} = \dfrac{1 + 28}{2} \cdot 10 = \dfrac{290}{2} = 145$

3.3.2 Progressões Geométricas

Definição 3.6 *Chama-se Progressão Geométrica (PG) uma sequência dada pela seguinte fórmula de recorrência:*

$$\begin{cases} a_1 = a \\ a_n = a_{n-1} \cdot q, \forall n \in \mathbb{N}, n \geq 2 \end{cases}$$

onde a e q são números reais dados. (IEZZI; HAZZAN, 2004)

Uma sequência de números reais é uma PG, quando cada um dos seus termos, a partir do segundo, é o produto do anterior por uma constante q, denominada razão da PG.

Fórmula do Termo Geral de uma PG

Para encontrarmos o termo geral da PG com primeiro termo $a_1 \neq 0$ e com razão $q \neq 0$, procederemos como segue:

$a_1 = a_1$

$a_2 = a_1.q$

$a_3 = a_2.q$

$\dots$

$a_n = a_{n-1}.q$

Multiplicando os termos acima temos:

$a_1 \cdot a_2 \cdot a_3 \cdot \ \dots \ \cdot a_{n-1} \cdot a_n = a_1 \cdot a_1 \cdot q \cdot a_2 \cdot q \cdot a_3 \cdot q \cdot \ \dots \ \cdot a_{n-1} \cdot q$

Multiplicando por $\frac{1}{a_1 \cdot a_2 \cdot a_3 \cdot \ \dots \ \cdot a_{n-1}}$ em ambos os membros da equação temos:

$a_n = a_1. \underbrace{(q \cdot q \cdot \ \dots \ \cdot q)}_{n-1}$, ou simplesmente, $a_n = a_1 \cdot q^{n-1}$.

Os pontos (n, a_n) do gráfico de uma PG estão sobre o gráfico da Função exponencial $f(x) = a_1 \cdot q^x$, conforme a figura 7.

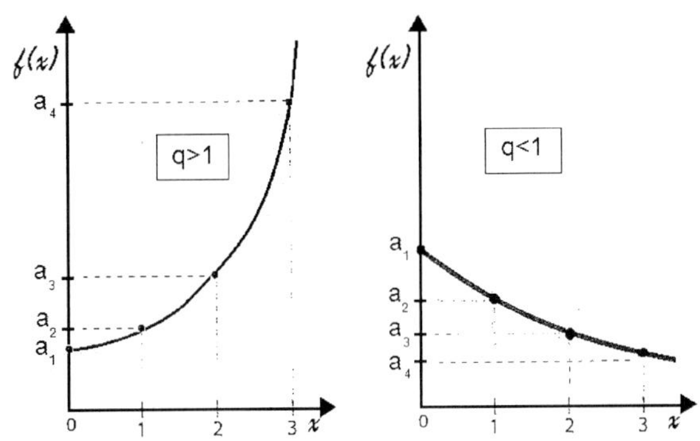

Figura 17 – Gráfico: PG sobre uma função exponencial
Fonte: Autoria própria

Somatório dos Termos de uma PG

Como uma PG é uma sequência, o seu somatório trata-se de uma série numérica, neste caso especial, uma **série geométrica**. Assim, tomaremos os conhecimentos já trabalhados anteriormente no Teorema 1.2, para obter a soma nos dois casos existentes, as **finitas** e as **infinitas**.

Considerando uma PG com 1º termo a_1 e razão q. Temos que:

•**Soma dos n primeiros termos da PG** (S_n)

$$S_n = a_1 \cdot \frac{q^n - 1}{q - 1} \qquad (3.3)$$

•Soma dos termos de uma PG infinita (S)

$$S = \frac{a_1}{1-q}, \ \textit{sendo}\ |q| < 1. \tag{3.4}$$

Exemplo 1: Dada a PG: (1, 2, 4, 8, ...), determine:

a) O 10º termo da PG.

Como $a_n = a_1 \cdot q^{n-1}$ temos que, $a_{10} = 1 \cdot 2^{10-1} = 1 \cdot 2^9 = 512$

b) A soma dos 10 primeiros termos da PG.

Como $S_n = a_1 \cdot \dfrac{q^n - 1}{q - 1}$ temos que, $S_{10} = 1 \cdot \dfrac{2^{10} - 1}{2 - 1} = 1 \cdot \dfrac{2^{10} - 1}{1} = 1023$

Exemplo 2: Dada a PG: $\left(1, \frac{1}{2}, \frac{1}{4}, \frac{1}{8}, \ldots\right)$ determine:

a) A soma dos infinitos termos da PG.

Como $S = \dfrac{a_1}{1-q}$ temos que, $S = \dfrac{1}{1-\frac{1}{2}} = 2.$

CAPÍTULO 4

MATEMÁTICA FINANCEIRA

4.1 CONCEITOS DA MATEMÁTICA FINANCEIRA

Nesta seção serão abordados alguns conceitos e nomenclaturas básicas da Matemática Financeira, em que ampliaremos o conhecimento como também o entendimento dos assuntos abordados nos tópicos posteriores.

4.1.1 Elementos da Matemática Financeira

Definição 4.1 ***Porcentagem:*** *Porcentagem é uma razão que mede o número de unidades em um grupo de 100 unidades e tem como simbolo %.*

Tabela 4 – Exemplos de representações de Porcentagem

Percentual %	Decimal
15%	0,15
1,3%	0,013
0,04%	0,0004

Definição 4.2 ***Operações com Mercadorias:*** *Operações com Mercadorias são operações de compra e venda de mercadoria que podem apresentar-se de duas formas: LUCRO ou PREJUÍZO.*

Definição 4.3 ***Período*** **(*t* ou *n*):** *Período é o tempo referente à operação.*

Definição 4.4 ***Capital*** *(C)* ***ou Valor Presente*** *(VP)***:** *Valor Presente é o valor no dinheiro com $t = 0$, onde não gerou o efeito dos juros em relação ao tempo.*

Definição 4.5 ***Taxa (i ou r):*** *Taxa é a porcentagem ou a centésima parte incidida no Valor Principal (VP) gerando o Juros (J).*

$$i = \frac{J}{VP} \tag{4.1}$$

Definição 4.6 ***Juros (J):*** *Juros é o valor da remuneração paga pelo aluguel do Capital.*

$$J = VP \cdot i \tag{4.2}$$

Definição 4.7 ***Montante*** *(M_n)* ***ou Valor Futuro*** *(VF_n)***:** *Valor Futuro é o valor do capital adicionado ao valor da rentabilidade dos Juros no período.*

$$VF_n = VP + J_n \tag{4.3}$$

4.2 REGIME DE CAPITALIZAÇÃO DE JUROS

Apresentaremos a seguir os regimes de capitalizações usuais, afim de demonstrar a percepção do dinheiro no tempo a uma determinada taxa de juros, como também uma prévia comparação entre os regimes.

4.2.1 Regime de capitalização

O Regime de capitalização é a forma de capitalização do dinheiro no tempo (n) em relação a uma determinada taxa de juros (i), garantindo formalmente ou informalmente o pagamento ou desconto de valores sobre o capital empregado na operação.

As formas aplicadas no regime de capitalização são de **Juros Simples** ou **Juros Compostos**.

4.2.2 Juros Simples

No regime dos juros simples a taxa de juros é aplicada sobre o capital inicial e não sobre o montante do período anterior (ou da época anterior).

Ao substituir $J_n = VP \cdot i \cdot n$ em $VF_n = VP + J_n$ obtemos

$$VF_n = VP + (VP \cdot i \cdot n)$$

ou seja,

$$VF_n = VP \cdot (1 + i \cdot n)$$

Tabela 5 – Tabela com Juros Simples

n	VP	J_n	VF_n
0	VP	$VP \cdot i \cdot 0$	$VP \cdot (1 + i \cdot 0)$
1	VP	$VP \cdot i \cdot 1$	$VP \cdot (1 + i \cdot 1)$
2	VP	$VP \cdot i \cdot 2$	$VP \cdot (1 + i \cdot 2)$
3	VP	$VP \cdot i \cdot 3$	$VP \cdot (1 + i \cdot 3)$
⋮	⋮	⋮	⋮
n	VP	$VP \cdot i \cdot n$	$VP \cdot (1 + i \cdot n)$

Fonte: Autoria própria

Exemplo: Determine o montante no regime de capitalização a Juros Simples de um capital de R$100,00 a uma taxa de juros de 10% ao mês em um período de 4 meses e depois construa uma tabela demonstrando a evolução do Valor Futuro no período.

$VF_n = VP \cdot (1 + i \cdot n)$

$VF_4 = 100 \cdot (1 + 0,10.4) = 100 \cdot (1 + 0,40) = 100 \cdot (1,40) = 140,00$

Período	Valor Presente	Juros	Valor Futuro
0	100,00	0,00	100,00
1	100,00	10,00	110,00
2	100,00	20,00	120,00
3	100,00	30,00	130,00
4	100,00	40,00	140,00

4.2.3 Juros Compostos

No regime dos juros Compostos, a taxa de juros é sobre o Montante anterior, independente dos períodos, ou seja, considera-se o valor do montante ao longo do tempo relevante, de forma mais conhecida como juros sobre juros.

$VF_0 = VP$

$VF_1 = VP \cdot (1 + i)$

$VF_2 = [VF_1] \cdot (1 + i) = [VP \cdot (1 + i)] \cdot (1 + i) = VP \cdot (1 + i)^2$

$VF_3 = [VF_2] \cdot (1 + i) = [VP \cdot (1 + i)^2] \cdot (1 + i) = VP \cdot (1 + i)^3$

$\vdots$

$VF_n = [VF_{n-1}] \cdot (1 + i) = [VP \cdot (1 + i)^{n-1}] \cdot (1 + i) = VP \cdot (1 + i)^n$

ou seja,

$$VF_n = VP \cdot (1 + i)^n$$

Tabela 6 – Tabela com Juros Compostos

n	**VP**	J_n	VF_n
0	VP	$VP \cdot [(1 + i)^0 - 1]$	$VP \cdot (1 + i)^0$
1	VP	$VP \cdot [(1 + i)^1 - 1]$	$VP \cdot (1 + i)^1$
2	VP	$VP \cdot [(1 + i)^2 - 1]$	$VP \cdot (1 + i)^2$
3	VP	$VP \cdot [(1 + i)^3 - 1]$	$VP \cdot (1 + i)^3$
$\vdots$	$\vdots$	$\vdots$	$\vdots$
n	VP	$VP \cdot [(1 + i)^n - 1]$	$VP \cdot (1 + i)^n$

Fonte: Autoria própria

Exemplo: Determine o montante no regime de capitalização a Juros Compostos de um capital de R$100,00 a uma taxa de juros de 10% ao mês em um período de 4 meses e construa a tabela demonstrando a evolução do Valor Futuro no período:

$VF_n = VP \cdot (1 + i)^n$

$VF_4 = 100 \cdot (1 + 0,10)^4$

$VF_4 = 100 \cdot (1,10)^4$

$VF_4 = 100 \cdot (1,4641)$

$VF_4 = 146,41$

Período	**Valor Presente**	**Juros**	**Valor Futuro**
0	100,00	0,00	100,00
1	100,00	10,00	110,00
2	100,00	21,00	121,00
3	100,00	33,10	133,10
4	100,00	46,41	146,41

4.2.4 Desigualdades de Bernoulli entre Regimes de capitalização

Uma caraterística importante de comparação entre os regimes de juros, a ser considerada é que o Montante a Juros Compostos sempre será igual ou maior que o Montante dos Juros Simples. Podemos verificar isto por meio da **Desigualdade de Bernoulli**.

$$\underbrace{(1+x)^k}_{\textit{Funo Polinomial}} \geq \underbrace{1+k\cdot x}_{\textit{Funo Afim}} <=> \underbrace{(1+i)^n}_{\textit{Juros Compostos}} \geq \underbrace{1+n\cdot i}_{\textit{Juros Simples}}$$

Figura 18 – Gráfico: Desigualdade de Bernoulli

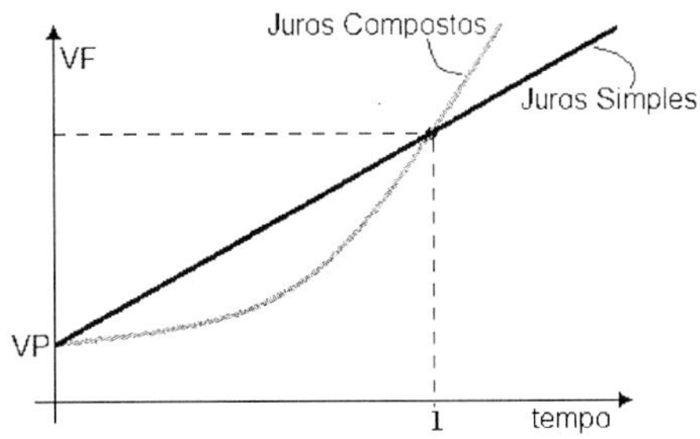

Fonte: Autoria própria

4.3 TAXAS

As taxas de juros ao tempo fazem parte da protagonização deste capítulo e o que as diferem, além das denominações, são os valores gerados em cada contexto.

4.3.1 Equivalências de Taxas

Como já visto em juros compostos para obtenção do VF_n a partir de um VP deve-se multiplicá-lo por um fator $(1 + i)^n$ e para obter o valor VP, dividi-lo VF_n por $(1 + i)^n$. Assim, quando diferentes taxas de juros capitalizadas, em períodos diferentes, geram fatores de mesmo valor, elas são chamadas de taxas equivalentes.

Definição 4.8 *Taxas equivalentes são taxas de juros referidas a unidades de tempo diferentes que, aplicadas a um mesmo capital durante um mesmo prazo, produzem um mesmo montante acumulado ao final daquele prazo, no regime de juros compostos.*

Segundo Morgado (2005), se I é a taxa de juros aplicada a um capital relativamente ao período de tempo T e i é a taxa de juros relativamente ao período t, e se $T = nt$, então

$$1 + I = (1 + i)^n$$

pois,

$$VP \cdot (1 + I) = VF_n = VP \cdot (1 + i)^n$$

e assim temos as equivalências das taxas para o mesmo período, porém com as capitalizações diferenciadas, vejamos:

$$(1 + i_{fa}) = (1 + i_{fs})^2 = (1 + i_{fm})^{12} = (1 + i_{fd})^{360}$$

Em que:

i_{fa} = taxa de juros efetiva anual
i_{fs} = taxa de juros efetiva semestral
i_{fm} = taxa de juros efetiva mensal
i_{fd} = taxa de juros efetiva diária

Figura 19 – Equivalência entre taxa semestral e taxa mensal

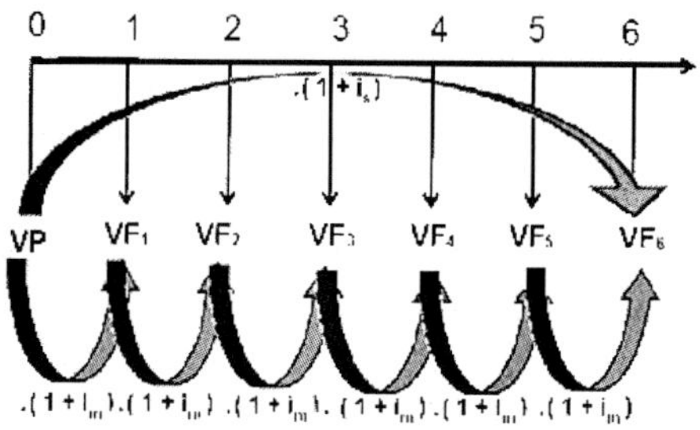

Fonte: Autoria própria

Exemplo: Um banco cobra no crédito especial dos seus correntistas uma taxa de 5% ao mês, o que é equivalente ao ano a:

$(1 + i_{fa}) = (1 + i_{fm})^{12}$
$1 + i_{fa} = (1 + 0,05)^{12}$
$i_{fa} = (1,05)^{12} - 1$
$i_{fa} = 1,795856 - 1 = 0,795856 = 79,5856\%$

4.3.2 Taxa Nominal e Taxa Efetiva

Taxa Nominal

As taxas nominais (i_m) são aquelas que apresentam seus valores em um período maior que de sua capitalização (geralmente anuais), porém elas são divididas proporcionais a um período menor (geralmente mensais) que chamamos período de capitalização, gerando assim sua **taxa de juros de capitalização** (i_c):

$$i_c = \frac{i_m}{n},$$

onde n é o número de período de capitalização.

Exemplo: Calcule a taxa de juros de capitalização de um investimento com taxa de juros nominal de 18%/ano capitalizados mensalmente?

$$i_c = \frac{i_m}{n}$$

$$i_c = \frac{0,18}{12} = 0,015 = 1,5\%/\text{mês}$$

Taxa Efetiva

O valor taxa nominal i_m considera uma capitalização a Juros Simples, o que na prática não acontece. Assim uma vez encontrada i_c a mesma voltará a ser capitalizada pelo mesmo período n ao qual foi dividida i_m anteriormente para sua obtenção, porém, agora a juros compostos, gerando uma taxa maior a i_m, que chamaremos de **taxa efetiva** (i_f).

Então ao substituir $i_c = \frac{i_m}{n}$ em $\left(1 + i_f\right)^1 = (1 + i_c)^n$ e isolando i_f encontraremos uma taxa equivalente em único período, a **taxa efetiva**.

$$1 + i_f = \left(1 + \frac{i_m}{n}\right)^n$$

$$i_f = \left(1 + \frac{i_m}{n}\right)^n - 1$$

Exemplo: Calcule a taxa de juros efetiva de um investimento com taxa de juros nominal de 18% ano capitalizados mensalmente?

$$i_f = \left(1 + \frac{i_m}{n}\right)^n - 1$$

$$i_f = \left(1 + \frac{0,18}{12}\right)^{12} - 1 = (1,015)^{12} - 1 \cong 1,1956 - 1 = 0,1956 = 19,56\%/ano.$$

O uso do número de Euler (e) no cálculo da taxa efetiva aproximada

Na equação $i_f = \left(1 + \frac{i_m}{n}\right)^n - 1$, podemos fazer uma mudança de variável $\frac{i_m}{n} = \frac{1}{u}$ que implica em $n = i_m.u$, logo temos que:

$$1 + i_f = \left(1 + \frac{1}{u}\right)^{u.i_m} = \left[\left(1 + \frac{1}{u}\right)^u\right]^{i_m}.$$

Assim ao considerar períodos arbitrariamente grandes, tal que u tende a infinito:

$$\lim_{u \to \infty}(1 + i_f) = \lim_{u \to \infty}\left[\left(1 + \frac{1}{u}\right)^u\right]^{i_m}$$

$$\lim_{u \to \infty} 1 + \lim_{u \to \infty} i_f = \left[\lim_{u \to \infty}\left(1 + \frac{1}{u}\right)^u\right]^{i_m}.$$

Denotando $\lim_{u \to \infty} i_f$ por $i_{f(\infty)}$, temos

$$1 + i_{f(\infty)} = e^{i_m}.$$

Pois $\lim_{u \to \infty}\left(1 + \frac{1}{u}\right)^u = e$, Daí chegamos a duas equações, uma para ser aplicada a uma taxa efetiva

$$i_{f(\infty)} = e^{i_m} - 1. \qquad (4.4)$$

e outra a uma capitalização em juros compostos, ao substituirmos $i_{f(\infty)}$ na equação $VF_n = VP.(1 + i)^n$

$$VF_n = VP.(1 + i_{f(\infty)})^n$$
$$VF_n = VP.(1 + e^{i_m} - 1)^n$$
$$VF_n = VP.(e^{i_m})^n$$
$$VF_n = VP.e^{i_m.n}$$

Assim uma definição financeira para o número ***e***, ele é montante gerado em período, por um principal unitário, a juros de 100% no mesmo período, capitalizados continuamente. (MORGADO, 2005)

Exemplo: Determine a taxa anual equivalente a uma taxa nominal de 5% ao ano com capitalização diária. (ROUSSEAU et al., 2008)

$i_f = \left(1 + \frac{i_m}{n}\right)^n - 1$

$i_f = \left(1 + \frac{0{,}05}{365}\right)^{365} - 1 = 0,0512675 = 5,12675\%$

Usando o número ***e***

$i_{f(\infty)} = e^{i_m} - 1 = 0,05127109 = 5,127109\%$

Exemplo: Qual o Montante (VF) de uma poupança onde foi aplicado R$1.000,00 a uma taxa de 5% a.a num período de 20 anos? ($e \cong 2,71828$)

$VF_n = VP \cdot (1 + i)^n$

$VF_{20} = 1.000,00 \cdot (1 + 0,05)^{20} = 1.000,00 \cdot (1,05)^{20} = 1.000,00 \cdot 2,65329 =$ 2.653,29

Usando o número ***e***.

$VF_n = VP \cdot e^{i_m \cdot n}$

$VF_{20} = 1.000,00 \cdot e^{0,05.20} = 1.000,00 \cdot e^1 = 1.000,00 \cdot 2,71828 = 2.718,28$

4.3.3 Inflação

As pessoas que lembram e sofreram com a inflação no Brasil até 1994, quando houve um controle da mesma, tem receios da sua volta. Assim para VASCONCELLOS (2015), Inflação é o aumento contínuo e generalizado dos preços de uma economia.

Vários motivos podem gerar a inflação, dentre estas:

1- Aumento da demanda: quando há uma procura grande pelos serviços ou mercadoria.

2- Diminuição da oferta: quando há uma escassez na oferta dos serviços ou mercadoria.

3- Repasse dos aumentos dos custos: quando há um aumento nos insumos, transportes, impostos e outros, e repassa-se ao consumidor

4- Desvalorização da Moeda: geralmente quando o governo não consegue saldar sua dívida pública e resolve emitir cédulas para quitar, causando o aumento da oferta de cédulas no mercado, o dinheiro se desvaloriza elevando os preços.

Assim, atualmente, por meio BACEN (Banco Central do Brasil) nos encontros COPOM (Comitê de Política Monetária), o governo utiliza uma política de juros na taxa SELIC (Sistema Especial de Liquidação e de Custódia) para o controle da inflação, uma vez que aumente as taxas de juros diminuirá a demanda pelo crédito, a população perde poder de compra, diminuindo a sua demanda e subsequente os preços dos produtos e serviços.

4.3.4 Taxa de inflação

Muito se ouve falar sobre inflação, mas o que é inflação? A inflação (I) é a taxa que determina o aumento médio no nível de preços dos bens, produtos e serviços dentro de uma economia em um determinado período, Em outras palavras, a taxa de inflação mede a desvalorização do dinheiro no tempo.

4.3.5 Taxa Real

Quando se calcula uma taxa efetiva e não se lembra da inflação, gera-se uma equivocada interpretação, visto que houve uma desvalorização do dinheiro no tempo. Deste modo, deve-se corrigir o valor do *VP* considerando a inflação no período. Assim, temos que:

Quando um *VP* é utilizado na compra de x objetos de preço p cada, tal que

$$\frac{VP}{p} = x\ objetos$$

Caso em um ano esse *VP* seja aplicado a uma taxa de i_f e o preço p sofra com um taxa de inflação I, a quantidade x de objetos também será alterada para $x.\frac{(1+i_f)}{(1+I)}$ *objetos* caso $i_f \neq I$.

$$\frac{VP.(1+i_f)}{p.(1+I)} = \frac{VP}{p} \cdot \frac{1+i_f}{1+I} = x \cdot \frac{1+i_f}{1+I}\ objetos$$

A taxa de crescimento da quantidade comprada será a taxa real i_r,

$$i_r = \frac{x \cdot \frac{1+i_f}{1+I} - x}{x} = \frac{x \cdot \left(\frac{1+i_f}{1+I} - 1\right)}{x}$$

$$i_r = \frac{1+i_f}{1+I} - 1 \qquad (4.5)$$

Definição 4.9 *se i_f é a taxa efetiva de juros, i_r é a taxa real de juros e I a taxa de inflação, todas referidas ao mesmo período de tempo, então $1 + i_f = (1+I).(1+i_r)$ (MORGADO, 2005)*

Exemplo: Sendo uma aplicação a uma taxa nominal de 24 % ao ano, capitalizada mensalmente a uma inflação anual de 10%, responda:

a) Qual a taxa efetiva no ano?

$$i_f = (1 + \frac{i_m}{n})^n - 1$$

$$i_f = \left(1 + \frac{0,24}{12}\right)^{12} - 1$$

$$i_f = (1+0,02)^{12} - 1 = (1,02)^{12} - 1 = 1,268241795 - 1$$

$i_f = 0,268241795 \cong 26,82\%$ ao ano.

b) Qual taxa real no ano?

$$i_r = \frac{1+i_f}{1+I} - 1$$

$$i_r = \frac{1+0,268241795}{1+0,10} - 1 = \frac{1,268241795}{1,10} - 1 = 1,152947086 - 1$$

$i_r = 0,152947086 \cong 15,29\%$ ao ano.

4.3.6 Descontos

Descontos por dentro (racional)

$$Dd_n = VF_n - VP$$

Descontos por dentro a juros Simples (Dds_n)

$$Dds_n = VF_n \cdot \frac{i \cdot n}{1 + i \cdot n}$$

Descontos por dentro a juros Compostos (Ddc_n)

$$Ddc_n = VF_n \cdot \frac{(1+i)^n - 1}{(1+i)^n}$$

Descontos por fora (comercial ou bancário)
Descontos por fora a Juros Simples (Dfs_n)

$$Dfs_n = VF_n \cdot (i \cdot n)$$

Descontos por fora a Juros Compostos (Dfc_n)

$$Dfc_n = VF_n \cdot [1 - (1-i)^n]$$

4.3.7 Comparação matemática entre os Descontos por fora e por dentro

concluímos que,

$$Df_n > Dd_n$$

ATIVIDADE

O pagamento de um título de R$1000,00 é efetuado pelo cliente 3 meses antes do seu vencimento. Sabendo-se que a taxa de juros do comerciante é de 1% capitalizado mensalmente, determine:

a) O desconto por dentro a Juros Simples:
b) O desconto por dentro a Juros Compostos:
c) O desconto por fora a Juros Simples:
d) O desconto por fora a Juros Compostos:

RESPOSTAS

O pagamento de um título de R$1000,00 é efetuado pelo cliente 3 meses antes do seu vencimento. Sabendo-se que a taxa de juros do comerciante é de 1% capitalizado mensalmente, determine:

a) O desconto por dentro a Juros Simples:

$$D_n = VF_n \cdot \frac{i \cdot n}{1 + i \cdot n}$$

$$D_3 = 1.000 \cdot \frac{0,01 \cdot 3}{1 + 0,01 \cdot 3} = 1.000 \cdot \frac{0,03}{1,03} = 1.000 \cdot 0,029126213$$

$$D_3 \cong R\$\,29,13.$$

b) O desconto por dentro a Juros Compostos:

$$D_n = VF_n \cdot \frac{(1+i)^n - 1}{(1+i)^n}$$

$$D_3 = 1.000 \cdot \frac{(1+0,01)^3 - 1}{(1+0,01)^3} = 1.000 \cdot \frac{(1,01)^3 - 1}{(1,01)^3}$$

$$D_3 = 1.000 \cdot \frac{1,030301 - 1}{1,030301} = 1.000 \cdot \frac{0,030301}{1,030301}$$

$$D_3 = 1.000 \cdot 0,029409852$$

$$D_3 \cong R\$29,41$$

c) O desconto por fora a Juros Simples:

$$D_n = VF_n \cdot (i \cdot n)$$

$$D_3 = 1000 \cdot (0,01 \cdot 3)$$

$$D_3 = 1000 \cdot (0,03)$$

$$D_3 \cong R\$30,00$$

d) O desconto por fora a Juros Compostos:

$$Dfc_n = VF_n \cdot [1 - (1-i)^n]$$

$$D_3 = 1000 \cdot [1 - (1-0,01)^3]$$

$$D_3 = 1000 \cdot [1 - (0,99)^3]$$

$$D_3 = 1000 \cdot [1 - 0,970299]$$

$$D_3 = 1000 \cdot [0,029701]$$

$$D_3 \cong R\$29,70$$

4.4 SÉRIES DE PAGAMENTOS

O controle de saída e entrada monetária faz parte da presente pesquisa. A forma de pagar e receber leva a observação de várias fórmulas e criação de tabelas financeiras que colaborará para calcular, de forma mais dinâmica, os valores acumulados no inicio e no final das séries.

4.4.1 Fluxos de Caixa

O fluxo de caixa (FC) é a observância de entrada e saída de recursos financeiros, bens e serviços de uma pessoa física ou pessoa jurídica.

As formas mais usuais de observar e analisar um fluxo de caixa é pelo seu diagrama ou sua tabela.

Suas construções são realizadas a partir dos seguintes critérios:

Diagrama do Fluxo de Caixa:

1- Cria-se uma linha do tempo(n) na horizontal.

2- Setas para cima simbolizam entrada de dinheiro.

3- Setas para baixo simbolizam saída de dinheiro.

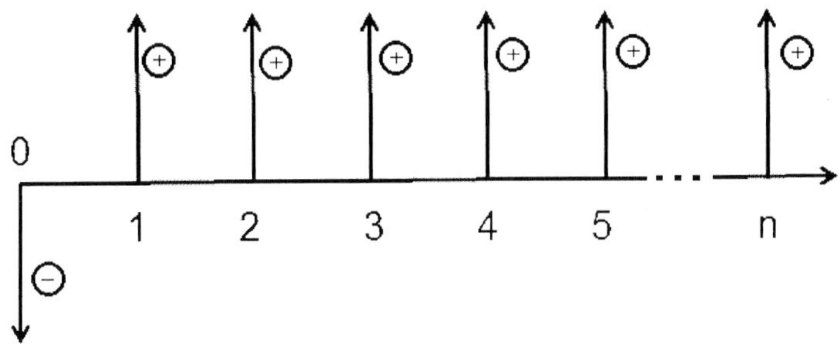

Figura 20 – Diagrama do Fluxo de Caixa
Fonte: Autoria própria

Tabela de Fluxo de Caixa:

1- Cria-se uma tabela com 3 colunas: tempo(n), entrada e saída.

2- Na coluna período coloca-se o tempo.

3- Na coluna entrada, valores positivos demonstrando ganhos.

4- Na coluna saída, valores negativos demonstrando perdas.

4.4.2 Séries Uniformes

As séries de pagamento são chamadas de uniformes quando os valores das parcelas ou prestações (*P*) são todas iguais.

Tabela 7 – Tabela Fluxo caixa

Período	Entrada	Saída
0		$-FC_0$
1	$+FC_1$	
2	$+FC_2$	
3	$+FC_3$	
⋮	⋮	
n	$+FC_n$	

Fonte: Autoria própria

Há duas formas de séries de pagamentos uniformes, a postecipada (mais frequente) em que o primeiro pagamento é realizado no período $n = 1$, e a antecipada, em que o primeiro pagamento é realizado no período $n = 0$, isto é, com entrada.

Para ambas as séries de pagamentos mencionadas anteriormente, são utilizadas duas formas de cálculos que consideram o valor futuro para aplicações financeiras e o valor presente em aquisição de bens e serviços.

Vejamos a seguir a demonstração de cada série de pagamentos uniformes.

Valor Futuro da soma de uma série postecipada(VFP)

Muito utilizada em aplicações financeiras, o VFP trata-se de um somatório de uma PG finita. Sendo S_n a soma dos n primeiros termos da PG e consequentemente o VFP_n é ó valor futuro da soma das n primeiras prestações, sendo cada uma delas apesar de o mesmo valor no ato do pagamento serão corrigidas no período do tempo pelo fator $(1 + i)$. Vejamos:

Sendo,

$$P_1 + P_2 + \ldots + P_{n-2} + P_{n-1} + P_n = VFP_n$$

Onde $P_1, P_2, \ldots, P_{n-2}, P_{n-1}$ e P_n são os valores das prestações postecipadas no período n (P_k, com $k \in \mathbb{N}$ sendo o período do pagamento).

Quando substituímos cada um dos valores P_k em função de um único P, corrigindo os seus respectivos valores no período do tempo pelo fator $(1 + i)^{n-k}$ tal que,

$$P_k = P \cdot (1 + i)^{n-k},$$

obtemos

$$P \cdot (1 + i)^{n-1} + \cdots + P \cdot (1 + i)^2 + P \cdot (1 + i)^1 + P = VFP_n.$$

Como VFP_n é a soma dos n primeiros termos de uma PG de razão $1 + i$ e primeiro termo P, temos:

$$VFP_n = P \cdot \frac{(1+i)^n - 1}{1 + i - 1}$$

$$VFP_n = P \cdot \frac{(1+i)^n - 1}{i} \tag{4.6}$$

logo, temos assim sua prestação igual a:

$$P = VFP_n \cdot \frac{i}{(1+i)^n - 1} \tag{4.7}$$

Valor Presente da soma de uma série postecipada (VPP)

Comumente o VPP é usado na aquisição de bens ou empréstimos.

Como $VPP = \dfrac{VFP_n}{(1+i)^n}$ e $VFP_n = P \cdot \dfrac{(1+i)^n - 1}{i}$, temos

$$VPP = P.\frac{(1+i)^n - 1}{(1+i)^n \cdot i} \tag{4.8}$$

Logo, também podemos obter a prestação por

$$P = VPP \cdot \frac{(1+i)^n \cdot i}{(1+i)^n - 1}. \tag{4.9}$$

Já para encontrar o número do período n ,temos:

$$\begin{aligned}
P = VPP \cdot \frac{(1+i)^n . i}{(1+i)^n - 1} \\
\frac{P}{VPP \cdot i} = \frac{(1+i)^n}{(1+i)^n - 1} \\
\frac{VPP \cdot i}{P} = \frac{(1+i)^n - 1}{(1+i)^n} \\
\frac{VPP \cdot i}{P} = 1 - \frac{1}{(1+i)^n} \\
\frac{1}{(1+i)^n} = 1 - \frac{VPP \cdot i}{P} \\
\frac{1}{(1+i)^n} = \frac{P - VPP \cdot i}{P} \\
\frac{(1+i)^n}{1} = \frac{P}{P - VPP \cdot i} \\
log_{10}(1+i)^n = log_{10}\left(\frac{P}{P - VPP \cdot i}\right)
\end{aligned}$$

$$n = \frac{log_{10}\left(\frac{P}{P - VPP \cdot i}\right)}{log_{10}(1 + i)} \tag{4.10}$$

sendo que temos uma condição de existência.

Como o logaritmo só existe para números positivos, temos que:

$P - VPP \cdot i > 0 <=> P > VPP \cdot i$, lembrando que $juros = VPP \cdot i$

Assim, a condição para que seja possível uma prestação pagar um empréstimo é :

$$P > JUROS$$

Essa condição entenderemos melhor mais a frente.

Valor futuro da soma de uma série antecipada (VFA)

A fórmula para o cálculo de VFA é determinada a partir do produto da fórmula da série VFP por $(1 + i)$, corrigindo a antecipação das prestações em um período.

Usado em aplicações financeiras com entrada, o VFA é obtido a partir da fórmula da série postecipada para valor futuro multiplicando por $(1 + i)$ para corrigir a antecipação dos pagamentos de todas as parcelas em um mês. Temos,

$$VFA = VFP \cdot (1 + i)$$

$$VFA_n = P \cdot \frac{(1 + i)^n - 1}{i} \cdot (1 + i) \tag{4.11}$$

Logo, temos assim que sua prestação é igual a:

$$P = VFA_n \cdot \frac{i}{[(1 + i)^n - 1] \cdot (1 + i)} \tag{4.12}$$

Valor Presente da soma de uma série antecipada (VPA)

O VPA é usado na compra com entrada. A fórmula para o cálculo de VPA é determinada pelo produto VPP por $(1 + i)$, corrigindo a antecipação das prestações em um período.

$$VPA = VPP \cdot (1 + i)$$
$$VPA = P \cdot \frac{(1 + i)^n - 1}{(1 + i)^n \cdot i} \cdot (1 + i)$$

$$VPA = P \cdot \frac{(1+i)^n - 1}{(1+i)^{n-1} \cdot i} \tag{4.13}$$

Logo, temos assim sua prestação igual a:

$$P = VPA \cdot \frac{(1+i)^{n-1} \cdot i}{(1+i)^n - 1} \tag{4.14}$$

Figura 21 – Esquema de transição das séries uniformes de pagamentos

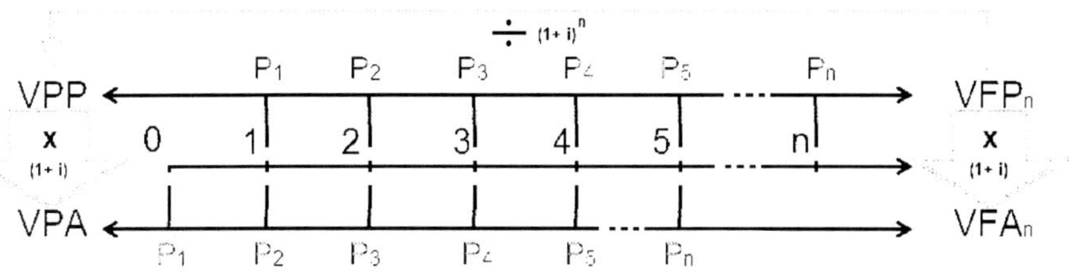

Fonte: Autoria própria

Exemplo: Uma série uniforme de pagamento tem prestação de R$ 1.000,00 por 60 meses a uma taxa de juros de 2% ao mês. Determine:

a) O Valor Futuro da soma da série postecipada (VFP_n)?

$$VFP_n = P \cdot \frac{(1+i)^n - 1}{i}$$
$$VFP_n = 1.000,00 \cdot \frac{(1+0,02)^{60} - 1}{0,02}$$
$$VFP_n = 1.000,00 \cdot \frac{3,281030788 - 1}{0,02}$$
$$VFP_n = 1.000,00 \cdot \frac{2,281030788}{0,02}$$
$$VFP_n = 1.000,00 \cdot 114,0515394$$
$$VFP_n \cong R\$114.051,54$$

b) O Valor Presente da soma da série postecipada (VPP)?

$$VPP = \frac{VFP_n}{(1+i)^n} = \frac{114.051,54}{(1,02)^{60}} = \frac{114.051,54}{3,281030788}$$

$$VPP \cong R\$34.760,89$$

c) O Valor Futuro da soma da série antecipada (VFA_n)?

$$VFA_n = VFP_n \cdot (1+i) = 114.051,54 \cdot (1,02)$$
$$VFA_n \cong R\$116.332,57$$

d) O Valor Presente da soma de uma série antecipada (VPA)?

$$VPA = VPP \cdot (1 + i) = 34.760,89 \cdot (1,02)$$
$$VPA \cong R\$35.456,11$$

4.4.3 Séries Variáveis

Algumas séries de pagamentos não têm seus valores uniformes, ou seja, são diferentes e por isso chamaremos de Séries Variáveis.

Nas séries variáveis, não se usa uma fórmula matemática para aplicar no cálculo do VP ou VF, ou seja, teremos que calcular cada período dentro das séries, fato que pode ser verificado na figura abaixo:

Figura 22 – Diagrama do Fluxo de Caixa de uma série Variável

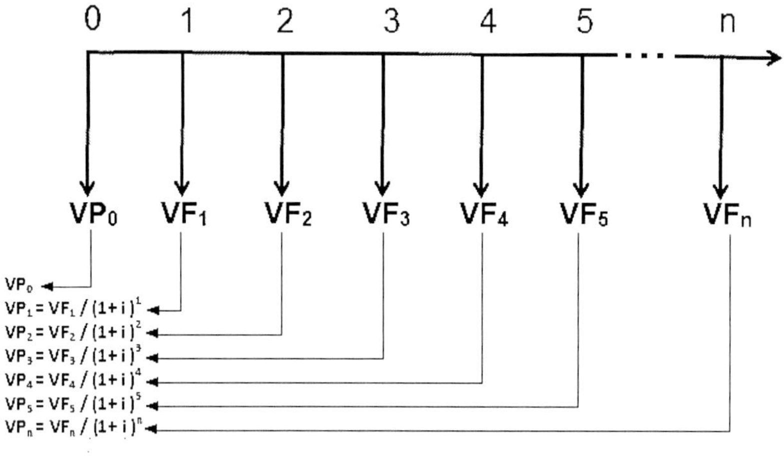

Fonte: Autoria própria

$$VPL = VP_0 + VP_1 + VP_2 + VP_3 + VP_4 + \ldots + VP_n \quad (4.15)$$

O somatório de todos VP_n é o VPL (Valor Presente Líquido), conceito que será apresentado posteriormente.

Outra forma de demonstrar a série de pagamentos variáveis é por meio da tabela de fluxo de caixa.

Exemplo: Construa uma tabela do fluxo de Caixa de uma série Variável a 1% no período, com entrada de R$ 100,00 e nos 4 períodos consecutivos de R$ 75,00 , R$ 120,00 , R$ 125,00 e R$ 80,00 respectivamente.

Tabela 8 – Fluxo de Caixa de uma série Variável em **n** período de tempo a uma taxa **i%**

Período	VF_n	$VP_n = VF_n/(1+i)^n$	VP_n
0	-	$VF_0/(1+i)^0$	VP_0
1	VF_1	$VF_1/(1+i)^1$	VP_1
2	VF_2	$VF_2/(1+i)^2$	VP_2
3	VF_3	$VF_3/(1+i)^3$	VP_3
$\vdots$	$\vdots$	$\vdots$	$\vdots$
n	VF_n	$VF_n/(1+i)^n$	VP_n
Total			VPL

Período	VF_n	$VP_n = VF_n/(1+i)^n$	VP_n
0	-	100	100
1	75	$75/(1,01)^1$	74,26
2	120	$120/(1,01)^2$	117,64
3	125	$125/(1,01)^3$	121,32
4	80	$80/(1,01)^4$	76,88
Total			490.10

4.4.4 Séries Perpétuas

Ocorre quando o número de pagamentos de uma série uniforme é considerado infinito, isto é, quando é longo o suficiente de forma a não podermos determinar o fim. São usadas em cálculos de aposentadoria ou precificação de empresas.

Já sabemos que $VPP = P \cdot \frac{(1+i)^n - 1}{i \cdot (1+i)^n}$, organizando melhor, temos que $VPP = \frac{P}{i} \cdot \frac{(1+i)^n - 1}{(1+i)^n}$, imaginamos agora infinitos pagamentos,

$$VP_{perptuo} = \lim_{n \to \infty} VP = \lim_{n \to \infty} \frac{P}{i} \cdot \frac{(1+i)^n - 1}{(1+i)^n},$$

com P e i são constantes, logo temos que:

$$VP_{perptuo} = \frac{P}{i} \cdot \lim_{n \to \infty} \frac{(1+i)^n - 1}{(1+i)^n} = \frac{P}{i} \cdot \lim_{n \to \infty} 1 - \frac{1}{(1+i)^n} = \frac{P}{i} \cdot 1$$

$$VP_{perptuo} = \frac{P}{i} \tag{4.16}$$

Exemplo: Uma empresa familiar no interior da Amazônia, gera um lucro de R$ 5.000,00 por mês, quanto vale essa empresa a uma taxa de juros de mercado de 0,5% a.m.?

$$VP_{perptuo} = \frac{P}{i} = \frac{5.000,00}{0,005} = R\$1.000.000,00$$

Exemplo: Um apartamento na cidade de Vitória-ES é alugado a R$1.000, qual seria seu valor em uma série perpétua a uma taxa de juros de mercado de 0,4% a.m?

$$VP_{perptuo} = \frac{P}{i} = \frac{1.000,00}{0,004} = R\$250.000,00$$

4.5 SISTEMA DE AMORTIZAÇÃO

As aquisições financeiras como bens, serviços e/ou investimentos, principalmente a longo prazo, presentes em nosso sistema bancário, utilizam largamente os sistemas de amortização vigentes (PRICE e SAC) e assim é de suma importância o estudo das mesmas.

4.5.1 Sistema PRICE de Amortização

O Sistema PRICE é um caso particular do Sistema Francês de Amortização onde:

1- As Prestações são Constantes
2- Taxa Anual (nominal)
3- Prestações e capitalização Mensal
4- Cálculo com taxa proporcional

Construção de uma tabela PRICE:

Prestação (P)

O cálculo da Prestação vem da manipulação Matemática da fórmula Composta de uma série postecipada, citada anteriormente.

$$P = VPP.\frac{(1+i)^n \cdot i}{(1+i)^n - 1}$$

Juros (J_n)

Os Juros são calculados aplicando a taxa de juros (i) sobre o saldo devedor do período anterior (SD_{n-1}).

$$J_n = SD_{n-1} \cdot i \tag{4.17}$$

Amortização (A_n)

A amortização é a diferença entre a prestação do período (P) e os juros do período (J_n).

$$A_n = P - J_n \tag{4.18}$$

Saldo devedor (SD$_n$)

O Saldo devedor é a diferença entre o saldo devedor do período anterior (SD_{n-1}) e o valor da amortização do período (A_n).

$$SD_n = SD_{n-1} - A_n \tag{4.19}$$

Tabela PRICE

Tabela 9 – tabela do PRICE

n	P	Jn	An	SDn
0	-	-	-	SD_0
1	P	$SD_0 \cdot i$	$P - J_1$	$SD_0 - A_1$
2	P	$SD_1 \cdot i$	$P - J_2$	$SD_1 - A_2$
$\vdots$	$\vdots$	$\vdots$	$\vdots$	$\vdots$
n	P	$SD_{n-1} \cdot i$	$P - J_n$	$SD_{n-1} - A_n = 0$
Total	$\sum_{j=1}^{n} P$	$\sum_{j=1}^{n} J_j$	$\sum_{j=1}^{n} A_j = SD_0$	-

Fonte: Autoria própria

Exemplo: Um empréstimo de R$ 40.000,00 foi contratado para ser pago pelo Sistema Francês (PRICE) em 4 prestações anuais à taxa de 1 % ano . Elabore a tabela de pagamentos.

$$P = VPP \cdot \frac{i \cdot (1+i)^n}{(1+i)^n - 1}$$

$$P = 40.000,00 \cdot \frac{0,01 \cdot (1+0,01)^4}{(1+0,01)^4 - 1}$$

$$P = 40.000,00 \cdot \frac{0,01 \cdot (1,01)^4}{(1,01)^4 - 1}$$

$$P = 40.000,00 \cdot 0,25628$$

$$P = 10.251,24$$

Tabela PRICE:

n	Prestação	Juros	Amortiz.	SD
0	-	-	-	40.000,00
1	10.251,24	400,00	9.851,24	30.148,76
2	10.251,24	301,49	9.949,75	20.199,01
3	10.251,24	201,99	10.049,25	10.149,76
4	10.251,24	101,50	10.149,76	0
Total	41.004,98	1.004,98	40.000,00	-

Fonte: Autoria própria

4.5.2 Sistema de Amortização Constante (SAC)

O Sistema SAC é um caso onde o valor da amortização é constante e o valor da parcela a ser paga no período dependerá diretamente do valor dos juros correspondente.

Assim com a contínua amortização do saldo devedor, impactando diretamente na diminuição do valor dos Juros, gera um ciclo de prestações cada vez menores.

Essa diminuição progressiva garantirá mais segurança do mutuário em quitar sua dívida.

Construção de uma tabela SAC

Amortização (A)

Neste modelo a Amortização (A) é calculada pela divisão do Saldo Devedor (SD_0) inicial pelo número de parcelas (n) a serem pagas.

$$A = \frac{SD_0}{n} \tag{4.20}$$

Juros (J_n)

Os Juros são calculados pelo produto da taxa de juros sobre o saldo devedor do período anterior (SD_{n-1}).

$$J_n = SD_{n-1} \cdot i \tag{4.21}$$

Prestação (Pn)

O cálculo da Prestação é a soma do valor da amortização (A) mais o valor dos Juros do período (J_n)

$$P_n = A + J_n \tag{4.22}$$

Saldo devedor (SDn)

Saldo devedor é a diferença entre o saldo devedor do período anterior (SD_{n-1}) e o valor da amortização (A).

$$SD_n = SD_{n-1} - A \tag{4.23}$$

Tabela SAC

Tabela 10 – Tabela SAC

n	Pn	Jn	A	SDn
0	-	-	-	SD_0
1	$J_1 + A$	$SD_0 \cdot i$	A	$SD_0 - A$
2	$J_2 + A$	$SD_1 \cdot i$	A	$SD_1 - A$
$\vdots$	$\vdots$	$\vdots$	$\vdots$	$\vdots$
n	$J_n + A$	$SD_{n-1} \cdot i$	A	$SD_{n-1} - A = 0$
Total	$\sum_{j=1}^{n} P_j$	$\sum_{j=1}^{n} J_j$	$\sum_{j=1}^{n} A = SD_0$	-

Fonte: Autoria própria

Exemplo: Um empréstimo de R$ 40.000,00 foi contratado para ser pago pelo Sistema Amortização Constante (SAC) em 4 prestações anuais à taxa de 1 % a a . Elaborar tabela de pagamentos.

$A = \dfrac{SD_0}{n} = \dfrac{40.000}{4} = 10.000$

n	**Prestação**	**Juros**	**Amortiz.**	**SD**
0	-	-	-	40.000,00
1	10.400,00	400,00	10.000,00	30.000,00
2	10.300,00	300,00	10.000,00	20.000,00
3	10.200,00	200,00	10.000,00	10.000,00
4	10.100,00	100,00	10.000,00	0
Total	41.000,00	1.000,00	40.000,00	-

4.5.3 Sistema de Amortização Misto (SAM)

Conhecido por ser a combinação entre os Sistemas PRICE e SAC é pouco utilizado.

Construção de uma tabela SAM

Prestação (P_{SAM})

O cálculo da P_{SAM} é constituído da média aritmética das Prestações nos Sistemas PRICE e SAC.

$$P_{SAM} = \frac{P_{PRICE} + P_{SAC}}{2} \tag{4.24}$$

Juros (J_n)

Os Juros são calculados aplicando a taxa de juros (i) sobre o saldo devedor do período anterior (SD_{n-1}).

$$J_n = SD_{n-1} \cdot i \tag{4.25}$$

Amortização (A_n)

Amortização é uma variável dependente da diferença entre a prestação do período (P_n) e os juros do período (J_n).

$$A_n = P_n - J_n \tag{4.26}$$

Saldo devedor (SD_n)

Saldo devedor é a diferença entre o saldo devedor do período anterior (SD_{n-1}) e o valor da amortização do período (A_n).

$$SD_n = SD_{n-1} - A_n \tag{4.27}$$

Tabela SAM

Exemplo: Um empréstimo de R$ 40.000,00 foi contratado para ser pago pelo Sistema de Amortização Misto (SAM) em 4 prestações anuais à taxa de 1 % a a . Elabore a tabela de pagamentos.

$$P_{SAM} = \frac{P_{PRICE} + P_{SAC}}{2}$$

$$P_{SAM1} = \frac{10.251,24 + 10.400}{2} = 10.325,62$$

$$P_{SAM2} = \frac{10.251,24 + 10.300}{2} = 10.275,62$$

$$P_{SAM3} = \frac{10.251,24 + 10.200}{2} = 10.225,62$$

$$P_{SAM4} = \frac{10.251,24 + 10.100}{2} = 10.175,63$$

Tabela 11 – Tabela SAM

n	P_n	J_n	A_n	SD_n
0	-	-	-	SD_0
1	$\frac{P_{PRICE}(1)+P_{SAC}(1)}{2}$	$SD_0 \cdot i$	$P_1 - J_1$	$SD_0 - A_1$
2	$\frac{P_{PRICE}(2)+P_{SAC}(2)}{2}$	$SD_1 \cdot i$	$P_2 - J_2$	$SD_1 - A_2$
$\vdots$	$\vdots$	$\vdots$	$\vdots$	$\vdots$
n	$\frac{P_{PRICE}(n)+P_{SAC}(n)}{2}$	$SD_{n-1} \cdot i$	$P_n - J_n$	$SD_{n-1} - A_n$
Total	$\sum_{j=1}^{n} P$	$\sum_{j=1}^{n} J_j$	$\sum_{j=1}^{n} A_j$	0

Fonte: Autoria própria

n	**Prestação**	**Juros**	**Amortiz.**	**SD**
0	-	-	-	40.000,00
1	10.325,62	400,00	9.925,62	30.074,38
2	10.275,62	300,74	9.974,88	20.099,50
3	10.225,62	201,00	10.024,62	10.074,88
4	10.175,63	100,75	10.074,88	0
Total	41.002,49	1.002,49	40.000,00	-

4.5.4 Comparativo entre os Sistema de Amortizações

Quando se realiza a comparação entre as tabelas dos sistemas de amortização, deve-se observar que as prestações **iniciais** de cada sistema estão obedecendo a desigualdade,

$$P_{SAC} > P_{SAM} > P_{PRICE}$$

que são os valores de,

$$10.400,00 > 10.325,62 > 10.251,24$$

Essa "agressividade"do SAC com as prestações iniciais incide diretamente em maior amortização do Saldo Devedor o que impactará em menores juros pagos na totalização final:

$$J_{SAC} < J_{SAM} < J_{PRICE}$$

Vejamos os gráficos abaixo:

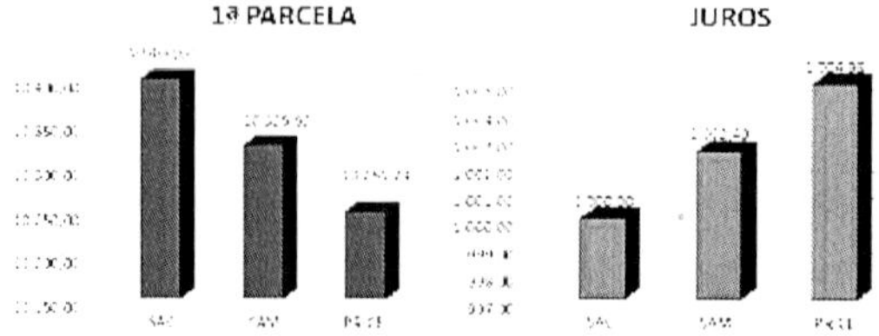

Figura 23 – Gráfico: Comparativo entre os Sistemas de Amortizações

Fonte: Autoria própria.

4.6 TÉCNICAS DE ANÁLISE DE INVESTIMENTO

As técnicas de análise de investimento (Payback, VPL e TIR) são utilizadas por empresas de todos os portes na análise e escolha de investimentos. O presente trabalho irá tomá-las para escolha da forma de ação decisória para as pessoas físicas, direcionando-as para as melhores escolhas dentro da educação matemática financeira.

4.6.1 Payback

O Payback é uma técnica de fácil análise de investimentos e está relacionado com o tempo, segundo Branco (2005).

Definição 4.10 *Payback é o tempo exato de retorno necessário para se recuperar um investimento inicial (BRANCO, 2005).*

Existem duas formas de Payback, o simples, que não considera a desvalorização do dinheiro no tempo e o composto, que atualiza os valores do dinheiro ao decorrer de cada período em Juros Compostos.

Critérios de decisão

1- Determinar o Prazo limite para o Retorno.

2- Payback < Prazo Limite, Aceita-se o Projeto.

3- Payback > Prazo Limite, Rejeita-se o Projeto.

Vantagens

1- Fácil de calcular, sendo feito a partir do fluxo de caixa.

Desvantagens

1- Não considera o fluxo de caixa após o período do cálculo do payback, pois após o retorno do investimento é importante saber se continuará gerando lucros ou prejuízos o investimento.

Exemplo: Seu João após a sua aposentadoria queria pegar um empréstimo sem juros com o seu irmão para pagar em 6 meses. O capital seria utilizado para comprar um carrinho de churros e complementar a renda familiar. Sabe-se que o custo da compra do carrinho é de $R\$2.000,00$ e a expectativa de lucro é de $R\$400,00$. Aplicando o método de Payback simples, é viável que o seu João faça o empréstimo para adquirir o carrinho churros?

$$Paypack = \frac{R\$2.000,00}{400,00} = 5 \text{ meses}.$$

Sendo assim, como 5 meses < 6 meses, Seu João deve aceitar o projeto.

4.6.2 VPL

O Valor Presente Líquido (VPL) consiste em somar todos os valores do fluxo de caixa corrigidos ao longo do tempo de acordo com a taxa, obtendo o valor presente e depois subtraindo do investimento inicial.

Definição 4.11 *VPL = Valor presente das entradas ou saídas de Caixa (-) Investimento inicial. (BRANCO, 2005)*

$$VPL = \Sigma_{k=1}^{n} \frac{FC_k}{(1+i)^k} - FC_0, \tag{4.28}$$

onde FC_k é o fluxo de caixa no tempo k.

Critérios de decisão

1- VPL > 0, Aceita-se o Projeto (Lucro).

2- VPL = 0, indiferente ao Projeto. (nem Lucro e nem Prejuízo).

3- VPL < 0, Rejeita-se o Projeto (Prejuízo).

Vantagens

1- Análise completa do fluxo de caixa. 2- Determina ao calcular se é lucrativo ou prejudicial.

Desvantagens

1- Não determina o tempo necessário para ressarcimento do investimento, pois quanto menor o tempo, melhor será o investimento.

Exemplo: Seu João após a sua aposentadoria queria comprar um carrinho de churros para complementar a sua renda familiar. Sabe-se que o custo da compra do carrinho era de $R\$2.000,00$ e a expectativa de lucro era de $R\$400,00$ $a.m$

por 6 meses com um custo de oportunidade (investimento com maior lucrativo e seguro disponível) de 1% *a.m.* Aplicando o VPL considerando o período de 6 meses, o Seu João deveria comprar o carrinho?

$$VPL = \left(\frac{400}{(1+0,1)^1} + \frac{400}{(1+0,1)^2} + \frac{400}{(1+0,1)^3} + \frac{400}{(1+0,1)^4} + \frac{400}{(1+0,1)^5} + \frac{400}{(1+0,1)^6}\right) - 2.000,00$$

$$VPL = (396,04 + 392,12 + 388,24 + 384,39 + 380,59 + 376,82) - 2.000,00$$

$$VPL = (2.318,20) - 2.000,00 = 318,20$$

Como o $VPL > 0$ seu João deve aceitar o projeto.

Capítulo 5

ECONOMIA, FORMAÇÃO DE PREÇO E APLICAÇÕES

5.1 ECONOMIA

Não é nosso desejo nos aprofundar em economia, pois esse trabalho é sobre educação financeira, pretende-se simplesmente dar o suporte necessário com definições, conceitos e dados de informações relevantes a tudo que influência no mercado.

Assim iremos de forma bem tranquila enriquecer nossos conceitos sobre economia.

5.1.1 Patrimônio

Pelo ponto de vista econômico, patrimônio é o conjunto de bens, direitos e obrigações que cada indivíduo tem.

Os Bens são tudo que tem utilidade ou serve para satisfazer anseios, desde um carro, casa, marca de um empresa com também o próprio ar que respiramos. Eles se classificam pela sua existência entre bens tangíveis (tocáveis) e intangíveis (intocáveis) ou possua mobilidade entre bens móveis (removíveis) e imóveis (não removíveis)

O direto é tudo que é nosso, mas por algum motivo está com terceiros e que vem somar ao nosso patrimônio. Temos como exemplos um empréstimo que fazemos a um amigo, um investimento no banco

Já as obrigações, são tudo que é de terceiros, mas está com a gente e por isso ele têm carga negativa em nosso patrimônio, como um empréstimo ou boleto a ser pago.

Em conformidade a (MARION, 2009) o Patrimônio Líquido é calculado pela fórmula:

Patrimônio Líquido = bens + direitos - obrigações exigíveis

5.1.2 Renda

É a soma de todos os ganhos de indivíduos, oriundos da remuneração dos seus trabalhos fatores da terra ou do capital investido, é quando cada um ganha por ano ou mês.

Nos últimos anos houve um aumento considerado na renda média da família no Brasil. Analise os dados do Instituto de Pesquisa Econômica Aplicada (IPEA).

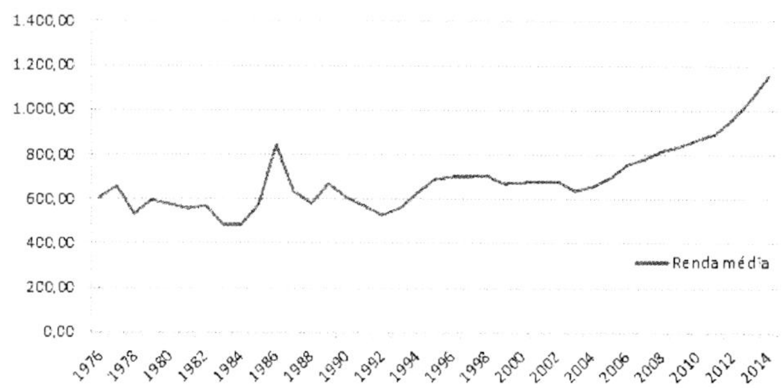

Figura 24 – Gráfico: Renda domiciliar per capita - média - R$ de 2014 - IPEA - DISOC_RMT

Fonte: Autoria própria.

Usa-se a renda para medir o nível de pobreza no Brasil, de acordo com a média familiar. Assim as famílias que têm médias salariais menores de 1/4 do Salário mínimo são chamadas de miserável e os que estão entre 1/4 e 1/2 do salário mínimo são chamados de pobres. E com o aumento da renda média domiciliar nestes últimos anos houve uma distribuição de renda conforme gráfico da linha da pobreza.

Distribuição de renda

Um dos grandes problemas, social e econômico, é a concentração de renda, além de não ser socialmente viável, o dinheiro na mão de poucos, não aquece a economia.

O Coeficiente de Gini é uma das formas utilizadas para medir concentração de renda, onde varia de 0 a 1 , sendo 0 a distribuição perfeita e 1 a concentração máxima.

Figura 25 – Gráfico: Número de pessoas pobres e miserável no Brasil - Pessoa - IPEA - DISOC_PIN

Fonte: Autoria própria.

O coeficiente é calculado pela IPEA em uma série onde mostra que o Brasil já deu um grande avanço, mas se encontra muito distante do ideal.

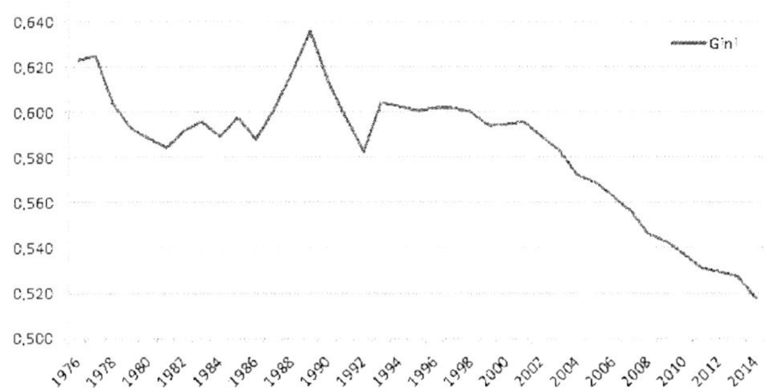

Figura 26 – Gráfico: Desigualdade de Renda - coeficiente de Gini - IPEA - DISOC_RDCG

Fonte: Autoria própria.

5.1.3 Consumo

O consumo é ação da família ou empresa em utilizar, destruir ou adquirir bens e serviços para satisfazer suas necessidade ou anseios. Quanto maior a sua renda, tende ser maior o seu consumo.

É notório que com a estabilização da economia, o aumento da renda e a distribuição das rendas para os pobres e miseráveis geraram aquecimento no mercado, aumentando substancialmente o consumo.

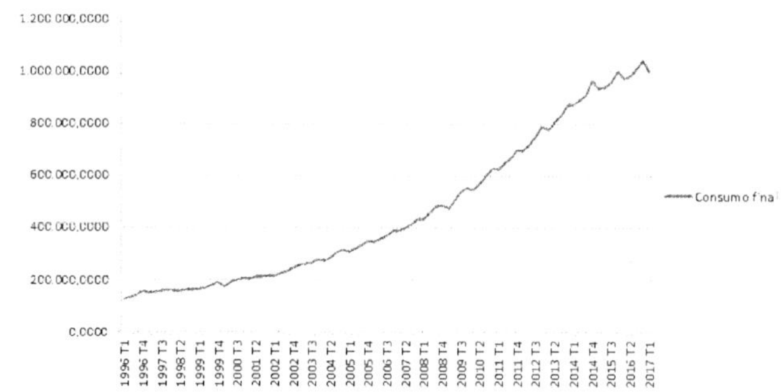

Figura 27 – Gráfico: Consumo final - famílias - ref. 2010 - R$ (milhões) - IBGE/SCN 2010 (Trimestral) - SCN104_CFPPN104
Fonte: Autoria própria.

5.1.4 Demanda e Oferta

Saber a quantidade e o preço a ser trabalhado na hora de consumir é importante na Educação Financeira.Deste modo, serão tratados os conceitos básicos de Demanda e Oferta, sem muita delonga, afim de definir ponto de equilíbrio de preço e quantidade produzida de bens e serviços.

Demanda

A Demanda ou Função Demanda é uma função decrescente, pois quanto maior o preço menor será a procura, isto é, para o consumidor o preço e a procura são inversamente proporcional, já que com preço mais altos inibirá a compra.

> Demanda (ou procura) é a quantidade de determinado bem ou serviço que os consumidores desejam adquirir, num dado período, dada sua renda, seus gastos e o preço de mercado.
>
> Assim, representa um desejo, um plano. Representa o máximo a que o consumidor pode aspirar, dada sua renda e os preços no mercado. (VASCONCELLOS, 2001)

Oferta

A Oferta ou função Oferta é uma função crescente, pois quanto maior o preço maior será a oferta , isto é, para o ofertante o preço e a procura são diretamente proporcional, já que com preços mais altos incentivará a produção.

> Oferta é a quantidade de determinado bem ou serviço que os produtores e vendedores desejam vender em determinado período.
>
> (VASCONCELLOS, 2001)

Equilíbrio do Mercado

Assim como a função oferta e a função demanda tem inclinação diferentes em relação ao preço e a quantidade ofertada, teremos um único ponto de encontro num sistema, onde um determinado preço e uma determinada oferta pertencerão as duas funções satisfazendo os anseios mútuos dos ofertantes e consumidores.

> O preço em uma economia de mercado é determinado tanto pela oferta como pela procura. Colocando em um único gráfico as curvas de oferta e de procura de um bem ou serviço qualquer, a intersecção das curvas é o ponto de equilíbrio, ao qual correspondem o preço Pe e a quantidade Qe.
> Este ponto é único: a quantidade que os consumidores desejam comprar é exatamente igual à quantidade que os produtores desejam vender. Ou seja, não há excesso ou escassez de oferta ou de demanda. Existe coincidência de desejos. (VASCONCELLOS, 2001)

Esse sistema é autorregulado, pois caso não haja interferência externa os preços e as quantidades negociadas serão a do ponto de equilíbrio.

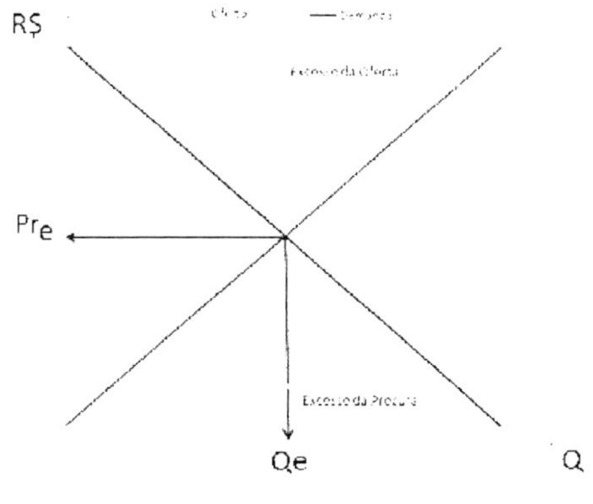

Figura 28 – Gráfico: Equilíbrio de Mercado
Fonte: Autoria própria.

Exemplo: Uma motocicleta no Brasil tem a sua procura pelos consumidores dada pela função de demanda D: $Pr_D = -2X + 21000$, mas o fabricante estará disposto a produzir um quantidade pela função de Oferta de O: $Pr_O = 2X+1000$, onde x é quantidade produzida de mil unidades. Assim determine:

a) O ponto de equilíbrio da função Oferta (Pr_e) e da função Demanda (Pr_e).

$Pr_O = Pr_D$

$2X + 1000 = -2X + 21000$

$2X + 2X = 21000 - 1000$

$4X = 20000$

$X = \dfrac{20000}{4} = Q_e$ =5 unidades

Encontremos o preço substituindo em $Pr_O = 2X+1000$ ou $Pr_D = -2X+21000$ assim temos,

$Pr_e = 2.5000 + 1000 = 10000 + 1000 = R\$11.000,00$

ou

$Pr_e = -2.5000 + 21000 = -10000 + 21000 = R\$11.000,00$

b) Construa o gráfico.

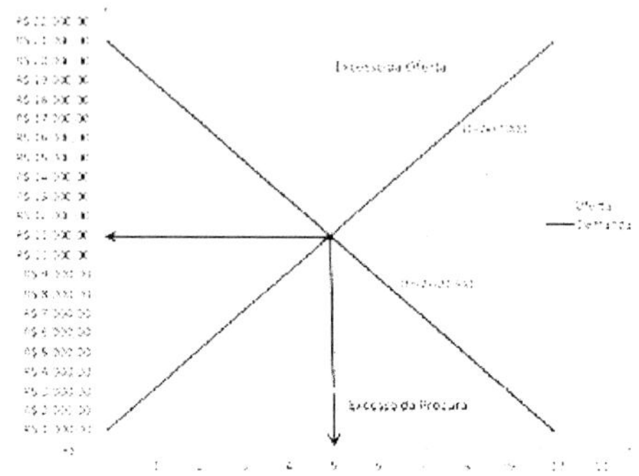

Figura 29 – Gráfico: Exemplo do Equilíbrio de Mercado
Fonte: Autoria própria.

c) Caso o Fabricante queira vender por R$ 13.000,00 o que acontecerá?

$Pr_O = 2X + 1000$ e $Pr_D = -2X + 21000$

$13000 = 2.Q_O + 1000$ e $13000 = -2.Q_D + 21000$

$2.Q_O = 13000 - 1000$ e $2.Q_D = -13000 + 21000$

$2.Q_O = 12000$ e $2.Q_D = 8000$

$Q_O = 6000$ unidades e $Q_D = 4000$ unidades

Analise: *Apesar que pelo preço de R$ 13.000,00 os fabricantes estão dispostos a produzir 6.000 unidades, os consumidores a esse preço só estão dispostos a comprar 4.000 unidades, logo teremos excesso de oferta de 2.000 unidades no mercado.*

5.1.5 Elasticidade do Preço

Iremos comentar sobre a elasticidade-preço da demanda e da oferta, ou seja, observando a variação do preço em relação a quantidade demandada ou ofertada.

Definição 5.1 *Elasticidade-preço da demanda: é a variação percentual na* ***quantidade demandada****, dada a variação percentual no* ***preço do bem****, coeteris paribus. (VASCONCELLOS, 2001)*

Segundo VASCONCELOS são quatro os fatores que explicam o valor numérico da elasticidade-preço da demanda, a saber:

- Disponibilidade de bens substitutos.
- Essencialidade do bem.
- Importância relativa do bem no orçamento.
- Horizonte de tempo.

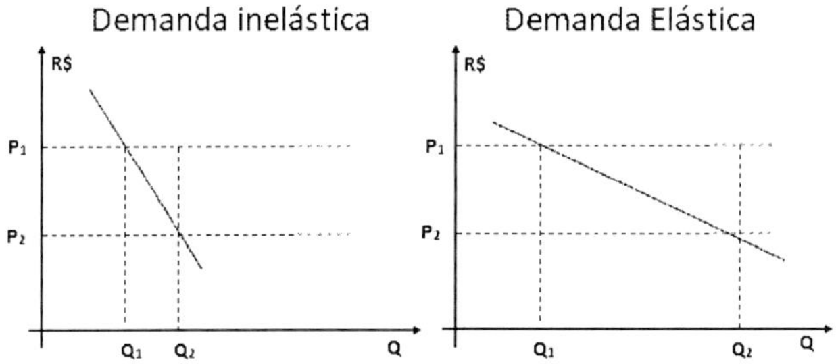

Figura 30 – Curva da Elasticidade da Demanda
Fonte: Autoria própria.

Já quando a quantidade de ser ofertada altera e automaticamente altera o preço, como já vimos, uns produtos são menos sensíveis enquanto outros mais, assim a essa elasticidade temos que:

Definição 5.2 *Elasticidade-preço da oferta, é a variação percentual na* ***quantidade ofertada****, dada a variação percentual no* ***preço do bem****, coeteris paribus(todo o mais é constante). (VASCONCELLOS, 2001)*

Taxa SELIC

Sendo a taxa de referência no Brasil, a SELIC é uma ferramenta fortíssima no Controle da infração, contudo tem uma reação direta no aumento da dívida pública(MENDONÇA, 2007), pois o valor contratual dos títulos da Pública é dado pelo valor da SELIC.

Segundo o banco Central, a taxa SELIC é:

Definição 5.3 *Define-se Taxa Selic como a taxa média ajustada dos financiamentos diários apurados no Sistema Especial de Liquidação e de Custódia (Selic) para títulos federais. Para fins de cálculo da taxa, são considerados os financiamentos diários relativos* *às operações registradas e liquidadas no próprio Selic e em sistemas operados por câmaras ou prestadores de serviços de compensação e de liquidação (art. 1° da Circular n° 2.900, de 24 de junho de 1999, com a alteração introduzida pelo art. 1° da Circular n° 3.119, de 18 de abril de 2002).*

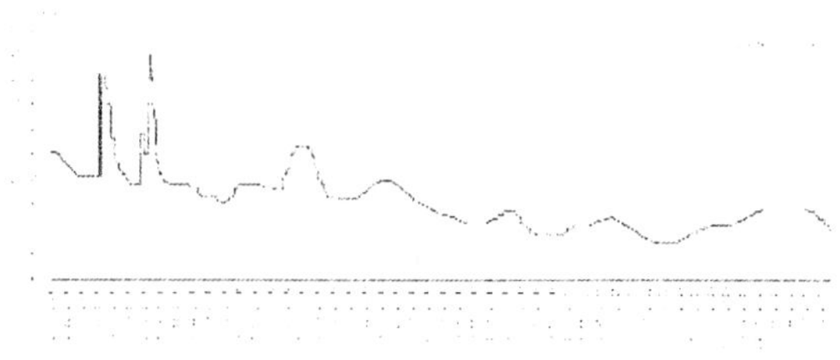

Figura 31 – Gráfico: SELIC - (% a.a.) - Bacen/Boletim/M. Finan. - BM366_TJOVER366

Fonte: Autoria própria.

5.1.6 Efeito Cambial nos Preços

A alteração de câmbio gera mudanças nos preços, pois a cotação do dólar baixa perante o Real e gera a baixa nos preços dos importados como também de alguns insumos, deixando as importações mais viáveis e aumentando a oferta e dessa forma, colabora com a baixa dos preços. Por sua vez, o dólar alto ao ser comparado ao real, inviabiliza as importações, deixando o mercado suscetível a oscilações do mercado interno, gerando um determinado aumento dos preços, uma vez que diminui a oferta em circulação.

Balança comercial – A balança comercial é a relação entre as exportações e importações de um país. Com o aumento do dólar, fica mais caro importar e mais barato exportar, o que ajuda a equilibrar essa conta. A balança vem apresentando resultados positivos graças à alta do dólar. (CAMARGO, 2015)

5.2 FORMAÇÃO DO PREÇO

Falar de educação financeira e não entender o básico na formação dos preços, cria-se um vale que obscurece a decisão a ser tomada desde o momento correto da compra, como no preço a ser pago. Sendo assim, serão abordados um pouco da formação do preço dos produtos, serviço ou mercadoria.

5.2.1 Preço e Valor

É usual a troca da palavra valor por preço e vice-versa com sinônimos, mas elas se diferem na sua essência:

Definição 5.4 *Preço é o volume de dinheiro cobrado para se adquirir a propriedade ou o uso de um produto e/ou serviço. Nas estratégias de marketing, o preço abrange questões como: política de preços, flexibilidade, descontos, formas de pagamento, financiamento, entre outros. (KELLER, 2006)*

O **Valor** é também uma quantidade monetária, mas atribuída pela percepção do consumidor a negociação, isso devido ao anseio de uma necessidade, satisfação ou até mesmo pela dificuldade de alcance do dinheiro ou próprio produto negociado.

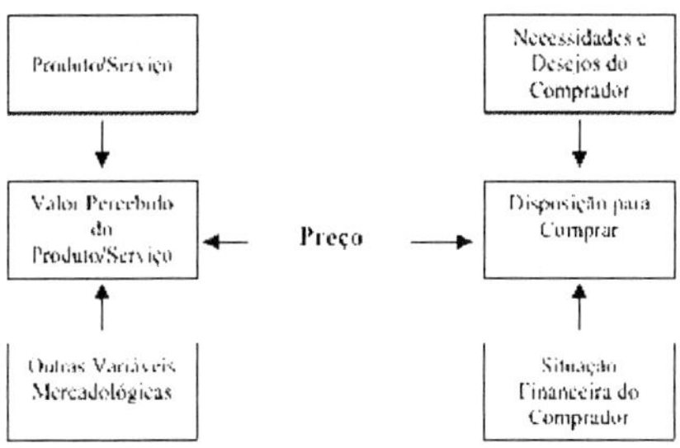

Figura 32 – O contexto ampliado de Preço-Valor
Fonte: Simon(1989,p. 1)

5.2.2 Preço Ideal

E assim alguns anos depois surgiram três possíveis relações entre o preço, valor percebido e custo variável de um produto (LEHMANN D. R.; WINER, 1997):

1) Valor percebido > preço > custo variável;

2) Preço > valor percebido > custo variável;

3) Preço > custo variável > valor percebido.

O consumidor sempre desejará comprar quando *Valor percebido > preço*(promoção), o que nem sempre será possível, mas quando o *Preço > valor percebido* somente em caso de necessidade. Já pelo lado da empresa, ela desejará está na situação onde *Valor percebido = preço > custo variável*, maximalizando a venda.

5.2.3 Ciclo de vida do produto (CVP)

O ciclo de vida do produto tem 4 fases, caso chegue à maturidade e não morra antes (KELLER, 2006), sendo estes:

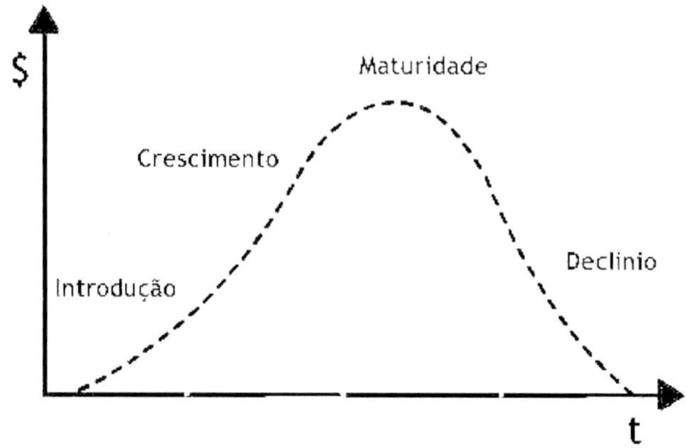

Figura 33 – Ciclo de vida do produto
Fonte:<http://marketingfuturo.com/ciclo-de-vida-do-produto-introducao-crescimento-maturidade-declinio/>

• **Introdução:** é a fase inicial da vida do produto ou o período em que o produto é lançado no mercado, esta fase tem como característica: baixo volume de produção e de vendas.

• **Crescimento:** o produto começa a firmar-se no mercado ou período de aceitação pelo mercado. Nesse estágio surgem os concorrentes.

• **Maturidade:** período de baixo crescimento nas vendas. Os níveis de lucro tornam-se estáveis ou diminuem, em função dos gastos que a empresa tem para defender o produto da concorrência. Quando o produto atinge a saturação, as características de competição se tornam mais acirradas.

• **Declínio:** o produto passa a perder participação no mercado, ou seja, é quando as vendas e os lucros começam a cair.

Capítulo **6**

SEQUÊNCIAS DIDÁTICAS (SD)

Este capítulo expõe a teoria das sequências didáticas e sua funcionalidade enquanto recurso pedagógico no processo educacional. Além disso, com o objetivo de enriquecer as aulas de Matemática, são apresentadas propostas diversificadas de SD com foco nos conteúdos da Matemática Financeira vinculados a tópicos pertinentes à Educação Financeira.

6.1 SD COM PROPOSTA DE ENSINO

Na prática pedagógica de todo educador, o planejamento e a avaliação se apresentam como instrumentos importantes e norteadores no processo de ensino e aprendizagem.

> O *planejamento e a avaliação* dos processos educacionais são uma parte inseparável da atuação docente, já que o que acontece nas aulas, a própria intervenção pedagógica, nun-ca pode ser entendida sem uma análise que leve em conta as intenções, as previsões, as expectativas e a avaliação dos resultados. (ZABALA, 1998, p. 17)

Tradicionalmente, a configuração do processo educacional consiste em: o professor transmite o assunto, o aluno busca assimilar/ compreender e exercitar os conteúdos expostos de modo individualizado, o educando tem seu conhecimento avaliado e o professor o avalia quantitativamente, conforme o desempenho do aluno. Na realidade, o que se leva em consideração no decorrer desse processo é o resultado final. Nesse cenário, muitas vezes outorga-se ao aluno a passividade de receber informações e verificar sua capacidade de acumular/armazenar o que lhe foi transmitido.

> (...) atribui-se ao sujeito um papel insignificante na elaboração e aquisição do conhecimento. Ao indivíduo que está "adquirindo" conhecimento compete memorizar definições, anunciando leis, sínteses e resumos que lhes são oferecidos no processo de educação formal a partir de um esquema atomístico. (MIZUKAMI, 1986, p. 11)

Num espaço em que a aula se caracteriza na tradicionalidade, onde o professor é o único detentor do conhecimento e o aluno receptor de informações, não há uma contribuição significativa à formação de um cidadão crítico. Segundo Skovsmose (2001, p 37), a educação deve preparar o educando para conectar os conhecimentos expostos no ambiente escolar à sua vida social e, isso inclui não apenas os aspectos profissionais, mas também, culturais e políticos.

Nessa relação entre professor e aluno, nem sempre se atinge os resultados esperados, e se faz necessário um processo mais dinâmico, com metodologias inovadoras e o desenvolvimento de aulas mais instigantes, envolventes e abertas à participação mais efetiva do educando, de modo a contribuir para a formação da cidadania.

> É preciso que os professores saibam construir atividades inovadoras que levem os alunos a evoluírem, nos seus conceitos, habilidades e atitudes, mas é necessário também que eles saibam dirigir os trabalhos dos alunos para que estes realmente alcancem os objetivos propostos. (CASTRO et al., 2001, p. 114)

Para tanto, a proposta da SD como recurso pedagógico, vislumbra otimizar o processo de mediação e interação entre os saberes cognitivos e articulá-los à vida prática, sob a perspectiva de construir, compartilhar e aprimorar os ensinamentos, aprendizagens e conhecimentos, ocorridos no processo educacional.

Na visão de Zabala (1998, p. 18) as SD tratam-se de "um conjunto de atividades ordenadas, estruturadas e articuladas para a realização de certos objetivos educacionais, que têm um princípio e um fim conhecidos tanto pelos professores como pelos alunos."

Em consonância, a SEDU (Secretaria de Estado da Educação do Espírito Santo), traz no documento *Guia de Intervenção Pedagógica* a seguinte definição para SD

> É um conjunto de atividades ligadas entre si, planejadas para ensinar um determinado conhecimento etapa por etapa, numa perspectiva dinâmica, intencionada, contextualizada e interdisciplinar. Constitui-se de uma

> sequência de atividades que permite vivências, visando atingir os aspectos conceituais, atitudinais e procedimentais propostos, fundamentais para a aprendizagem do aluno e desenvolvimento da autonomia intelectual. (SEDU, 2010, p. 35)

A sequência didática pressupõe a organização e o planejamento prévios de aulas, que contribuam para o desenvolvimento de habilidades e competências essenciais a autonomia cognitiva do educando na própria sala de aula, mas, num ambiente mais interativo e dinâmico. As aulas são elaboradas a partir da observância de situações que articulem o contexto dos conceitos da pesquisa ao ambiente de aprendizagem e, tem por propósito, remodelar as aulas, sair do senso comum. (PAIS, 2001, p. 102)

O autor Zabala (1998) ainda considera,

> (...) para compreender o valor educacional de uma sequência didática e as razões que a justificam, é necessário identificar suas fases, as atividades que a conformam e as relações que se estabelecem. A partir daí, pode-se introduzir mudanças ou atividades novas que a melhorem, tendo em vista atender às reais necessidades dos educandos. (ZABALA, 1998, p. 54)

No contexto das SD, o planejamento consiste basicamente em estabelecer relações diretas de interatividade entre professor e aluno. E, para êxito do planejamento das SD, devem ser considerados os fatores como "o tempo destinado, as etapas de desenvolvimento, os tipos de atividades, as formas de organização dos alunos, os recursos didáticos para utilização, as formas de avaliação," ademais, é necessário também "monitorar as etapas anteriores para se ter um maior direcionamento das atividades seguintes, possibilitando vivências diversificadas, sejam elas de organização dos alunos, dos tipos de atividades." (BRASIL, 2012b, p. 23-24)

De acordo com Zabala (1998), o planejamento é uma ação inerente à função do professor com o objetivo de "facilitar a aprendizagem" e, considera que para o educador executar sua prática pedagógica com destreza e favorecer o processo de ensino-aprendizagem deverá,

a. planejar a atuação docente de uma maneira suficientemente flexível para permitir a *adaptação às necessidades dos alunos* em todo o processo de ensino/aprendizagem;

b. contar com as *contribuições e os conhecimentos* dos alunos, tanto no início das atividades como durante sua realização;

c. ajudá-los a *encontrar sentido no que estão fazendo* para que conheçam o que têm que fazer, sintam que podem fazê-lo e que é interessante fazê-lo;

d. estabelecer *metas ao alcance dos alunos* para que possam ser superadas com o esforço e a ajuda necessários;

e. oferecer *ajudas adequadas*, no processo de construção do aluno, para os progressos que experimenta e para enfrentar os obstáculos com os quais se depara;

f. promover *atividade mental autoestruturante* que permita estabelecer o máximo de relações como o novo conteúdo, atribuindo-lhe significado no maior grau possível e fomentando os processos de metacognição que lhe permitam assegurar o controle pessoal sobre os próprios conhecimentos e processos durante a aprendizagem;

g. estabelecer um ambiente e determinadas relações presididas pelo respeito mútuo e pelo sentimento de confiança, que *promovam a autoestima e o autoconceito*;

h. promover *canais de comunicação* que regulem os processos de negociação, participação e construção;

i. potencializar progressivamente a *autonomia* dos alunos na definição de objetivos, no planejamento das ações que os conduzirão a eles e em sua realização e controle, possibilitando que aprendam a aprender;

j. avaliar os alunos *conforme suas capacidades* e seus esforços, levando em conta o ponto pessoal de partida e o processo por meio do qual adquirem conhecimento e incentivando *a autoavaliação* das competências como meio para favorecer as estratégias de controle e regulação da própria atividade. (ZABALA, 1998, p. 92-93)

No que concerne a explanação de conteúdos, ainda em referência ao pensamento de Zabala (1998), o autor considera que a produção de aprendizagens se oculta detrás das exigências efetivadas no processo de ensino e aprendizagem, na exposição de conteúdos e na proposta de atividades correlacionadas.

Sob a ótica do autor, os conteúdos de aprendizagens estão apresentados nas categorias factuais, conceituais, procedimentais e atitudinais, assim descritas:

- *Aprendizagem por conteúdos factuais*: se entende o conhecimento de fatos, acontecimentos, situações, dados e fenômenos concretos e singulares.

(...) Esses dados, fatos e acontecimentos disponham de conceitos associados que permitam interpretá-los, sem os quais se converteriam em conhecimentos estritamente mecânicos.

- *Aprendizagem conceitual*: os conceitos e os princípios são termos abstratos. Os conceitos se referem ao conjunto de fatos, objetos ou símbolos que têm características comuns, e os princípios se referem às mudanças que se produzem num fato, objeto ou situação em relação a outros fatos, objetos ou situações e que normalmente descrevem relações de causa-efeito ou de correlação.

- *Aprendizagem por conteúdos procedimentais*: inclui entre outras coisas as regras, as técnicas, os métodos, as destrezas ou habilidades, as estratégias, os procedimentos - é um conjunto de ações ordenadas e com um fim, quer dizer, dirigidas para a realização de um objetivo. São conteúdos procedimentais: ler, desenhar, observar, calcular, classificar, traduzir, recortar, saltar, inferir, espetar, etc. Conteúdos que, como podemos ver, apesar de terem como denominador comum o fato de serem ações ou conjunto de ações, são suficientemente diferentes para que a aprendizagem de cada um deles tenha características bem específicas.

- *Aprendizagem por conteúdos atitudinais*: engloba uma série de conteúdos que por sua vez podemos agrupar em valores, atitudes e normas. Cada um destes grupos tem uma natureza suficientemente diferenciada que necessitará, em dado momento, de uma aproximação específica. Entendem-se por *valores* os princípios ou as ideias éticas que permitem às pessoas emitir um juízo sobre as condutas e seu sentido. São valores: a solidariedade, o respeito aos outros, a responsabilidade, a liberdade, etc. (ZABALA, 1998, p. 42-46)

De modo geral, os conteúdos exigem fundamentação teórica, designada de conceitos. Os conceitos, por sua vez, desenvolvem a compreensão de mundo, revelam saberes cognitivos que desenvolvem habilidades e competências do pensamento filosófico, científico, lógico dedutivo, o raciocínio, com o propósito de construir e reconstruir o conhecimento. A aprendizagem conceitual é a primazia para os conteúdos factuais, procedimentais e atitudinais, haja vista que as ações propostas nessa etapa do processo de ensino e aprendizagem coloca em execução e aprimora o conhecimento adquirido, além de promover o desenvolvimento das relações sociais e suas peculiaridades.

Tão importante quanto as aprendizagens apresentadas para o desenvolvimento do conhecimento do educando, é o conhecimento profissional docente, que Maroquio (2014 apud SHULMAN, 1986) caracteriza como a "forma de que se vale o professor para relacionar o conhecimento da disciplina às estratégias utilizadas a fim de orientar suas ações pedagógicas em sala de aula." No que se refere a base de conhecimento do docente, em relação ao processo de ensino voltado à sua área, destacam-se: o conhecimento do conteúdo, o conhecimento pedagógico do conteúdo e o conhecimento do currículo.

a. *Conhecimento do conteúdo*: trata-se da compreensão, habilidades e conhecimentos adquiridos pelo docente em sua formação acadêmica e no exercício de sua função profissional.

b. *Conhecimento pedagógico do conteúdo*: refere-se à transposição didática de ensino, que abrange o ajuste entre o conhecimento da disciplina e as ações pedagógicas desenvolvidas na abordagem de conceitos, com o intuito de facilitar a compreensão e promover a aprendizagem do discente..

c. *Conhecimento do currículo*: considera o domínio de informações inseridas no contexto educacional, os procedimentos metodológicos, os instrumentos educacionais que aportam para a promoção da prática docente e qualificam o processo de ensino-aprendizagem. Maroquio (2014 apud SHULMAN, 1986, p. 30)

Em suma, pode-se dizer que o conhecimento docente está além do conhecimento técnico de conceitos e conteúdos, mas sim, baseia-se num conjunto de saberes teóricos, estratégias e procedimentos profissionais, relacionados entre si, os quais o professor necessita dominar para desempenhar e enriquecer sua prática pedagógica, no propósito de atingir os resultados esperados no processo de ensino e aprendizagem.

A proposta de ensino por meio SD visa a dinamização das relações que se estabelecem entre professores e alunos e possibilita a comunicação entre os conteúdos de aprendizagem, os saberes cognitivos e os saberes teóricos.

6.2 PROPOSTA de SD

6.2.1 Abordagem da Matemática Financeira à luz da Educação Financeira

Essa seção apresenta propostas de Sequências Didáticas com o propósito de promover a conexão entre os conceitos da Matemática Financeira e os contextos da Educação Financeira.

As SD desenvolvidas propõem que cada aula tenha duração de 50 minutos, a utilização de materiais básicos ao cotidiano escolar[1], a reflexão de textos, o uso do laboratório de informática [2], para efetivação das atividades propostas e exposição das pesquisas previstas nas SD recomendadas.

As SD propostas visam oferecer elementos colaborativos e significativos ao processo de ensino da Matemática Financeira, além de ampliar a discussão da Educação Financeira no recinto escolar, a partir de assuntos recorrentes à realidade do educando, de modo a contribuir para a formação de cidadãos mais críticos. É bom esclarecer que não se trata de um produto pronto e acabado, mas concebe-se o propósito de adaptá-lo, reformulá-lo, conforme a necessidade.

6.2.2 Proposta de Ensino

A necessidade de planejar para investir, poupar e consumir, sugere atividades que levam a suprir tais anseios, tendo em vista a valorização da atual realidade de consumo do país. Conforme a OCDE preconiza:

> Os programas de educação financeira devem se concentrar em questões de alta prioridade, que dependendo das circunstâncias nacionais, podem incluir aspectos importantes do planejamento da vida financeira, como poupança, gestão de dívida privada ou seguro, bem como pré-requisitos para financiamento da consciência como matemática financeira e economia elementar. A consciência do futuro aposentado sobre a necessidade de avaliar a adequação financeira de seus públicos ou privados atuais esquemas de pensões e tomar as medidas apropriadas quando necessário deve ser encorajado.
>
> (OCDE, 2005)

A OCDE vê como o momento certo para iniciar essa prática, a escola, sendo citada como uma das boas práticas a serem seguidas nas ações públicas para educação financeira.

> A educação financeira deve começar na escola. As pessoas devem ser educadas sobre assuntos financeiros o mais cedo possível em suas vidas.(OCDE, 2005)

1 Listas de exercícios, cadernos, lápis, borracha, calculadoras.

2 O professor pode solicitar aos alunos a apresentação das investigações por meio de slides com uso do data show, se a escola dispor do recurso. Caso contrário, sugere-se cartazes explicativos.

6.3 ATIVIDADES

Num contexto multidisciplinar e vasto nas áreas de conhecimentos abordados até então, são sugeridas a seguir atividades contextualizadas e atualizadas, valorizando a necessidade e conhecimento do docente ou discente que venha a consultar esse trabalho.

As atividades foram elaboradas com a intenção de atingir alunos do 2° e 3° anos do Ensino Médio, visto que o conteúdo de Matemática Financeira é contemplado no currículo escolar desse nível de ensino, além do mais, o material do Programa Educação Financeira nas Escolas - Ensino Médio, foi direcionado a esse público alvo.

6.3.1 Atividade 1: Minha Planilha de Orçamento

PLANO DE AÇÃO - AULA 1

1 – TEMA:

Minha Planilha de Orçamento Pessoal

2 - DELIMITAÇÃO DO TEMA:

Preenchimento da Planilha de Orçamento Pessoal

3 – OBJETIVOS:

A partir do preenchimento da Planilha de Orçamento Pessoal, o aluno terá a noção das suas possibilidades para poder se organizar e estabelecer uma estratégia financeira.

4 - APORTE TEÓRICO E REFERÊNCIAS:

Os conceitos apresentados na explanação são baseados nas seguintes obras:

• BM&FBOVESPA – Planilha de Orçamento Pessoal

5 - PROCEDIMENTO METODOLÓGICO:

Iremos apresentar aos alunos um Orçamento Pessoal do modelo da BM&FBOVESPA já preenchida como exemplo e demonstrando as saídas e as entradas de recursos no fluxo de caixa pessoal.

Durante a aula, cada aluno receberá duas folhas do modelo da planilha em branco para serem preenchidas, uma em sala de aula a partir de suas experiências e questionamentos e a outra que deverá ser preenchida em casa, com sua família, em respeito a particularidade e privacidade domiciliar do aluno.

A aula se baseará em uma exposição oral, dos slides projetados e do quadro branco, com a estratégia de ensino a contextualização do tema e a entrega de modelos em branco.

6 - AVALIAÇÃO:

Na correção de alguns exemplos e na retirada de dúvidas que surgirem.

MINHA PLANILHA FINANCEIRA

1) Dado o modelo da planilha financeira:

a) Utilize o modelo em branco da planilha da $[B]^3$, preencha um novo exemplo baseando na sua realidade ou que ache pertinente.

Figura 34 – Exemplo do modelo da planilha financeira do aluno

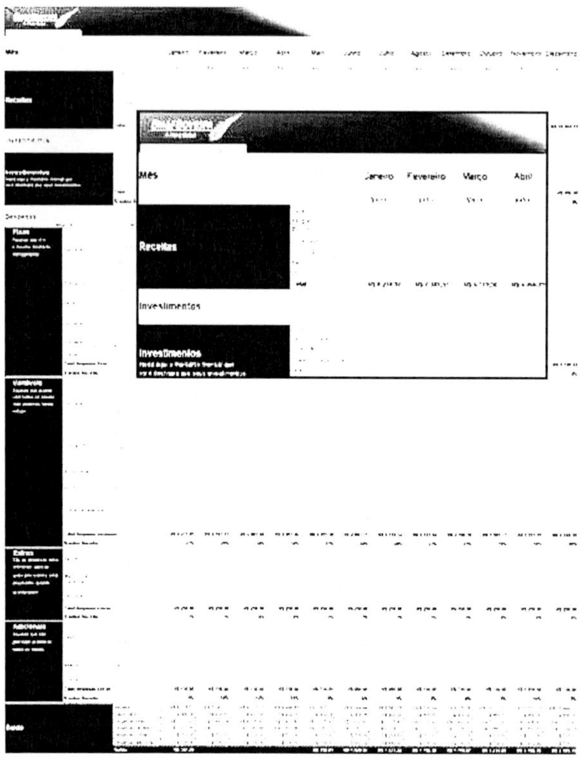

Fonte:<http://www.bmfbovespa.com.br/lumis/portal/file/fileDownload.jsp?fileId=8A828D295048C0EF01513FC5C7CB256A>

b) O que você observou nesta atividade que seja novo para você e acrescentou na organização da sua vida financeira?

Resposta pessoal

6.3.2 Atividade 2: Aplicação do dinheiro: Poupança ou Fundo a longo Prazo?

PLANO DE AÇÃO - AULA 2

1 – TEMA:

Aplicação do dinheiro, Poupança ou Fundo a longo Prazo

2 - DELIMITAÇÃO DO TEMA:

Aplicação de Capital

3 – OBJETIVOS:

Levar o aluno a escolha mais rentável entre duas opções de remuneração pelo seu capital, ou seja, fazer o melhor investimento.

4 - APORTE TEÓRICO E REFERÊNCIAS:

Os conceitos apresentados na explanação são baseados nas seguintes obras:

• Conceitos do livro Matemática Financeira Fácil (CRESPO, 2009)

• Conceitos do livro Matemática Financeira Aplicada: método algébrico, HP-12C, Microsoft Excel (BRANCO, 2005)

• Art. 12 da Lei nº 8.177, de 1º de março de 1991, com a redação dada pela Medida Provisória nº 567, de 3 de maio de 2012, e art. 7º da Lei nº 8.660, de 28 de maio de 1993.

5 - PROCEDIMENTO METODOLÓGICO:

A partir de dados próximos do usual no mercado financeiro, os alunos terão que calcular dois tipos de aplicações e reconhecer a mais rentável.

Iniciaremos com a análise do texto "aplicando meu dinheiro" e depois uma sequência de atividades, em que trabalharemos com as técnicas de taxas relativas, juros compostos e simples, valores futuros e presentes e a utilização no número de Euler (e).

6 - AVALIAÇÃO:

Correção da atividade e debates do tema.

APLICANDO MEU DINHEIRO

De acordo com a legislação atual (*), a remuneração dos depósitos de poupança é composta de duas parcelas:

I - a remuneração básica, dada pela Taxa Referencial - TR, e II - a remuneração adicional, correspondente a: a) 0,5% ao mês, enquanto a meta da taxa Selic ao ano for superior a 8,5%; ou b) 70% da meta da taxa Selic ao ano, mensalizada, vigente na data de início do período de rendimento, enquanto a meta da taxa Selic ao ano for igual ou inferior a 8,5%.

A remuneração dos depósitos de poupança é calculada sobre o menor saldo de cada período de rendimento. O período de rendimento é o mês corrido, a partir da data de aniversário da conta de depósito de poupança, para os depósitos de pessoas físicas e de entidades sem fins lucrativos. Para os demais depósitos, o período de rendimento é o trimestre corrido, também contado a partir da data de aniversário da conta.

A data de aniversário da conta de depósito de poupança é o dia do mês de sua abertura. Considera-se a data de aniversário das contas abertas nos dias 29, 30 e 31 como o dia 1° do mês seguinte.

A remuneração dos depósitos de poupança é creditada ao final de cada período de rendimento, ou seja:

I - mensalmente, na data de aniversário da conta, para os depósitos de pessoa física e de entidades sem fins lucrativos; e

II - trimestralmente, na data de aniversário no último mês do trimestre, para os demais depósitos.

(*) - art. 12 da Lei nº 8.177. de 1º de março de 1991. com a redação dada pela Lei nº 12.703. de 7 de agosto de 2012. e art. 7º da Lei nº 8.660. de 28 de maio de 1993.

Fonte: BACEN <http://www4.bcb.gov.br/pec/poupanca/poupanca.asp>

ATIVIDADES

1) Nos dias atuais as taxas de remuneração da poupança estão na média de 0,5% ao mês, já a Selic a 10,25 % ao ano. Assim hipoteticamente um Banco oferece dois tipos de remunerações para seu capital:

i) Poupança com rentabilidade mensal de 0,500 % ao mês.

ii) Títulos de investimento no valor da Selic, isto é, com rentabilidade nominal a 10,25% ano com capitalização diária (para 250 dias úteis no ano).

Em 10 anos, qual o valor acumulado em cada um dos casos aplicando-se R$ 1.000,00?

Respostas:

i) Poupança

$VF_n = VP \cdot (1 + i)^n$

$VF_{120} = 1.000,00 \cdot (1 + 0,005)^{120} = 1.000,00 \cdot (1,005)^{120} = 1.000,00 \cdot (1,81940)$

$VF_{120} = R\$1.819,40$

ii) Títulos de investimento:

Calculando a taxa efetiva de juros

$i_f = (1 + \frac{i_m}{n})^n - 1$

$i_{fa} = \left(1 + \frac{0,1025}{250}\right)^{250} - 1 = (1+0,00041)^{250} - 1 = (1,00041)^{250} - 1 = (1,1079) - 1$

$i_{fa} = 0,1079 = 10,79\% a.a$

Calculando o Valor Futuro para 10 anos

$VF_n = VP \cdot (1 + i)^n$

$VF_{10} = 1.000,00 \cdot (1+0,1079)^{10} = 1.000,00 \cdot (1,1079)^{10} = 1.000,00 \cdot (2,78616)$

$VF_{10} = R\$\ 2.786,16$

2) Calcule a taxa efetiva da Selic e VF dos títulos de investimento por aproximação com uso do número de Euler (e):

Calculando a taxa efetiva de juros

$i_{f(\infty)} = e^{i_m} - 1$

$i_{fa(250)} = e^{0,1025} - 1 = 1,1079 - 1 = 0,1079$

$i_{fa(250)} = 10,79\%$

Calculando o Valor Futuro para 10 anos

$VF_{10} = VP \cdot e^{i_m \cdot n}$

$VF_{10} = 1.000,00 \cdot e^{0,1025.10} = 1.000,00 \cdot e^{1,025} = 1.000,00 \cdot (2,78710)$

$VF_{10} = R\$\ 2.787,10$

3) Qual economicamente mais vantajoso?

Como $2.786,16 > 1.819,40$, então $VF_{Ttulos} > VF_{Poupana}$,

Logo os títulos são mais vantajosos

6.3.3 Atividade 3: Antecipar parcelas, tem descontos?

PLANO DE AÇÃO - AULA 3

1 – TEMA:

Antecipar parcelas, tem descontos?

2 - DELIMITAÇÃO DO TEMA:

Calcular o descontos nas antecipações de cada parcela do financiamento.

3 – OBJETIVOS:

Criar as habilidades de construção de uma tabela Price, reconhecer e calcular os descontos de cada prestação quando antecipada e o recolhimento do IOF (Imposto sobre Operações Financeiras).

4 - APORTE TEÓRICO E REFERÊNCIAS:

Os conceitos apresentados na explanação são baseados nas seguintes obras:

- Conceitos do livro Matemática Financeira fácil (CRESPO, 2009)
- Conceitos do livro Matemática Financeira Aplicada: método algébrico, HP-12C, Microsoft Excel (BRANCO, 2005)

5 - PROCEDIMENTO METODOLÓGICO:

Após a analise do texto "Cadê meu desconto"será simulada uma atividade contextualizada com taxas de juro, valores e taxas administrativas atuais.

O aluno será induzido à "tomada de decisão" após a construção de uma tabela de Amortização Price com cálculo e análise dos resultados de taxas e valores.

6 - AVALIAÇÃO:

Correção da atividade e debates do tema.

CADÊ MEU DESCONTO?

Nos dias atuais, com a liberação de vários microcréditos pelas financeiras, ficou normal alguém ter um empréstimo a ser pago em prestação por determinado período, com a emissão de boletos, desconto em folha ou conta corrente.

Algumas dessas pessoas, por vários motivos, desejam antecipar essa parcelas quando há sobra de alguma reserva financeira.

Assim usaremos um exemplo com taxas aplicadas atualmente por algumas financeiras.

1) Sendo feito um empréstimo de R$ 10.000,00 a uma taxa de juros de 2% a.m. a ser pago em 5 anos (60 meses), com prestações uniforme acrescentado um IOF no valor de: R$ 183,23, gerando um custo total na transação de R$ 10.183,23.

a) Sabendo que o custo de oportunidade (investimento com maior lucratividade e seguro disponível) do cliente é 0,5 % a.m. vale a pena antecipar parcelas?

Sim, pois a taxa de juros utilizado pela financeira é maior que a taxa de juros do custo de oportunidade. Assim teremos maior rentabilidade antecipando as parcelas .

b) Caso o cliente consiga outra linha de crédito com taxa de juros mais atraentes, vale a pena contratar esse novo empréstimo e quitar o outro? O que fazer então?

Nem sempre por causa das taxas administrativas. O certo é fazer uma simulação para o mesmo período com a nova linha de crédito e optar pelo menor valor da prestação.

c) Qual tipo de desconto será dado para esse tipo de negociação?

Desconto por dentro composto (*Ddc*).

d) Construa uma tabela com Price acrescentando o VPP e o desconto para cada período.

$$P = VPP \cdot \frac{(1+i)^n \cdot i}{(1+i)^n - 1}$$

$$P = 10.183,23 \cdot \frac{(1+0,02)^{60} \cdot 0,02}{(1+0,02)^{60} - 1} = 10.183,23 \cdot \frac{(1,02)^{60} \cdot 0,02}{(1,02)^{60} - 1}$$

$$P = 10.183,23 \cdot \frac{0,065620615}{2,281030788} = 10.183,23 \cdot (0,0287679)$$

$$P = R\$\ 292,95$$

6.3.4 Atividade 4: Poupança, minha própria previdência.

PLANO DE AÇÃO - AULA 4

1 – TEMA:

Poupança, minha própria previdência

2 - DELIMITAÇÃO DO TEMA:

Cálculo de uma previdência particular

3 – OBJETIVOS:

Utilizar das técnicas de Valor Presente e Futuro no uso de uma série uniforme. Com um fluxo de caixa na tabela, projetando hipoteticamente, uma previdência que em certo momento do tempo fique autossuficiente os seus rendimentos.

4 - APORTE TEÓRICO E REFERÊNCIAS:

Os conceitos apresentados na explanação são baseados nas seguintes obras:

- Conceitos do Livro Matemática Financeira Fácil (CRESPO, 2009)
- Conceitos do Livro Matemática Financeira Aplicada: método algébrico, HP-12C, Microsoft Excel (BRANCO, 2005)
- Conceitos do (TAFNER; GIAMBIAGI, 2011)

5 - PROCEDIMENTO METODOLÓGICO:

A partir do texto "Poupar para prevenir", far-se-á uma análise da Previdência Social no Brasil. Após a reflexão do texto, será proposta a simulação de uma poupança com base no décimo terceiro salário e 1/3 das férias para serem utilizadas no futuro como uma previdência, além do debate do tema em questão.

6 - AVALIAÇÃO:

Correção da atividade e debates do tema.

POUPAR PARA PREVENIR

Discussões importantes passaram ao questionamento do cidadão comum. Sendo assim, passamos a ouvir com frequência debates cotidianos sobre os problemas da previdência social e da necessidade ou não de reforma. Entretanto, como era de se esperar, visto que faz parte do fazer democrático, tínhamos de um lado especialistas sustentando a tese que defendia a urgência de modificações no proceder com os futuros aposentados. Do outro, a população dividida entre os que acharam as mudanças justas e aqueles que se sentiram prejudicados.

> Uma agenda de reformas como a aqui proposta contempla um conjunto de regras que promovem uma transição suave rumo a um sistema previdenciário único, ajustado à nova situação demográfica e às condições sócio-econômicas do país. Com uma transição suave, a preservação integral dos direitos de quem já recebe benefícios e o reconhecimento da proporcionalidade de direitos para aqueles que já estão no mercado de trabalho, haverá tempo para que as pessoas ajustem seus planos de vida, sem mudança abrupta das regras. A preservação de todos os benefícios ativos, a existência de prazo de carência e a regra de proporcionalidade contributiva eliminam descontinuidades e diluem no tempo e entre várias gerações os custos do ajuste.(TAFNER; GIAMBIAGI, 2011)

Atualmente para tal seguridade contribuímos com 11% do nosso salário mensalmente. Porém, muitos já buscam uma previdência particular para complementar a sua renda na terceira idade. Pensando neste fator de insegurança,vejamos:

1) Suponhamos que um trabalhador ao receber o seu 13º Salário no valor de 1 Salário Mínimo (1 SM) e o adicional de férias no valor de 1/3 do Salário Minimo (1/3 SM), aplica-se em um fundo com rentabilidade anual. Após 25 anos ele para de depositar esse valor e começa a sacar 12 SM para suprir a sua necessidade mensal com o valor médio de 1 SM para cada mês do ano.

Este fundo possui as seguintes características:

I - Moeda usada é o Salário Mínimo (SM)

II - Taxa de 10% a.a.

A partir das informações acima, responda:

a) Construa uma tabela do fluxo de caixa da poupança.

Veja em tabelas

b) Quantos anos dariam para fazer o saque de 12 SM?

Infinitos, pois ele ficou "autossustentável" após 25º ano, visto que a rentabilidade dos juros é maior que o saque de 12 SM.

c) Faça um breve comentário sobre nossa Previdência Social do Brasil.

Resposta Pessoal

6.3.5 Atividade 5: Quero comprar meu apartamento.

PLANO DE AÇÃO - AULA 5

1 – TEMA:

Quero comprar meu apartamento.

2 - DELIMITAÇÃO DO TEMA:

Calcular o valor do empréstimo da compra de um apartamento.

3 – OBJETIVOS:

Estimar o cálculo do valor presente postecipado de empréstimo tendo a prestação limitada por um teto. Revisar conceitos como restrições orçamentárias, fluxo de caixa e Price.

4 - APORTE TEÓRICO E REFERÊNCIAS:

Os conceitos apresentados na explanação são baseados nas seguintes obras:

- Conceitos do Livro Matemática Financeira Fácil (CRESPO, 2009)
- Conceitos do Livro Matemática Financeira Aplicada: método algébrico, HP-12C,Microsoft Excel (BRANCO, 2005)

5 - PROCEDIMENTO METODOLÓGICO:

Após a reflexão do texto "O sonho da casa própria", será proposta uma atividade que instigue o aluno analisar a troca do aluguel pela compra definitiva da casa própria usando o financiamento pela tabela Price, ressaltando a necessidade de um fundo de reserva para documentações futuras.

6 - AVALIAÇÃO:

Correção da atividade e debates do tema.

O SONHO DA CASA PRÓPRIA

O governo federal em parceria com estados, municípios, empresas e entidades sem fins lucrativos, criou o programa "Minha casa, minha vida". Com formas especiais de financiamento e subsídios gerou habitação para uma grande demanda no Brasil. Foi a oportunidade encontrada por muitas famílias de saírem do aluguel e comprar a sua casa própria, gerando emprego e renda para várias outras famílias.

Figura 35 – Minha casa Minha vida

Fonte: Tudo construção <http://www.tudoconstrucao.com/minha-casa-minha-vida-2015-mudancas-financiamentos/>

1)Uma família paga um aluguel para morar no valor de R$ 1.000,00 reais por mês e tem o desejo de adquirir o seu próprio apartamento pagando um taxa de juros de 0,5% a.m. a ser pago no período de 240 meses. Qual o valor que eles poderão financiar para o sonho da casa própria?

$$VPP = P \cdot \frac{(1+i)^n - 1}{(1+i)^n \cdot i}$$

$$VPP = 1.000,00 \cdot \frac{(1+0,005)^{240} - 1}{(1+0,005)^{240} \cdot 0,005}$$

$$VPP = 1.000,00 \cdot \frac{(1,005)^{240} - 1}{(1,005)^{240} \cdot 0,005}$$

$$VPP = 1.000,00 \cdot \frac{2,310204476}{0,016551}$$

$$VPP = 1.000,00 \cdot 139,5808$$

$$VPP = R\$\ 139.580,80$$

2) Pesquise quais são os gastos extras depois do financiamento, como escritura e Condomínio. Resposta Pessoal

6.3.6 Atividade 6: Comprar um automóvel gera muitos custos?

PLANO DE AÇÃO - AULA 6

1 – TEMA:

Comprar um carro, gera custo?

2 - DELIMITAÇÃO DO TEMA:

Os custo na compra de um carro?

3 – OBJETIVOS:

Estudo de debates e cálculo sobre fluxo de caixa, capital de giro, sustentabilidade, poluição e mobilidade urbana.

4 - APORTE TEÓRICO E REFERÊNCIAS:

Os conceitos apresentados na explanação são baseados nas seguintes obras:

• Conceitos do Livro Matemática Financeira Fácil (CRESPO, 2009)

• Conceitos do Livro Matemática Financeira Aplicada: método algébrico, HP-12C,Microsoft Excel (BRANCO, 2005)

• Tabela FIPE

5 - PROCEDIMENTO METODOLÓGICO:

Após a leitura do texto "Meu carro novo", que trata da desvalorização do automóvel ao sair da concessionária, será proposto o cálculo dos custos da compra, manutenção e desvalorização do automóvel por 5 anos. A partir da demonstração dos cálculos, serão debatidos os termos sustentabilidade e mobilidade urbana.

6 - AVALIAÇÃO:

Correção da atividade e debates sobre o tema.

MEU CARRO NOVO

A troca do carro usado por um novo é um momento esperado por toda a família. Mas o que isso pode gerar em suas finanças no futuro? Pois a depreciação do bem é fato conforme a Revista Exame que diz que em média pode atingir a 10% no primeiro ano .

> Talvez você já tenha escutado alguém dizer que assim que o carro cruza a porta da concessionária, ele já perde pelo menos 10% do seu valor. (YAZBEK, 2016)

Tomamos como exemplo a tabela abaixo, em que cada ano teve uma desvalorização diferente. Observe que no primeiro ano o carro desvalorizou 26% do seu valor, já com 2 anos de uso caiu apenas 9% em relação ao 1°ano.

Ao observar melhor o gráfico, extraído da tabela acima, vimos que depois de 2 anos começa a ter uma ligeira estabilização na desvalorização do carro.

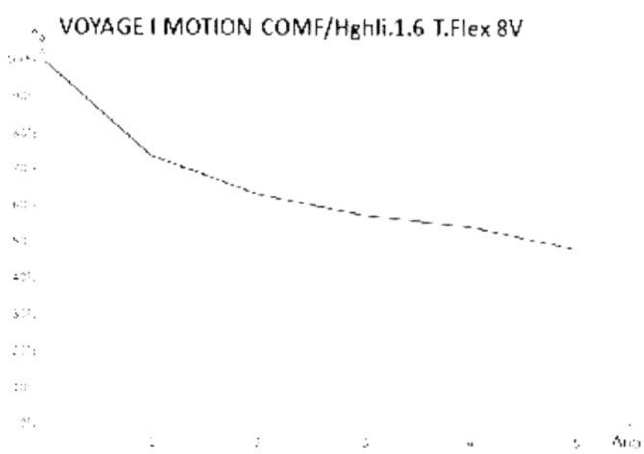

Figura 36 – Gráfico: Valor de Venda do VOYAGE I MOTION COMF/Hghli.1.6 T.Flex 8V

Fonte: Autoria própria

1) Sabemos que além da desvalorização dos automóveis vêm as manutenções e os impostos, seguros e outros que somados, demonstram o total desprendido financeiramente para o benefício de ter um automóvel.

Assim, a partir das informações acima construa uma tabela, para o tempo de 5 anos, em que seja contabilizado o total desprendido monetariamente com a desvalorização, manutenção e impostos, onde temos que:

Desvalorização: Siga a tabela da fipe do VOYAGE I MOTION COMF/ Hghli.1.6 T.Flex 8V;

Manutenção: iniciando do R$ 0, acrescidos de R$ 500,00 anualmente; e

Impostos: 4% do valor venal.

2) Qual seria sua opção de compra em relação ao ano? E por que?

Resposta pessoal, mas seria interessante gerar considerações sobre valores adicionais na aquisição do automóvel, tanto na desvalorização e o aumento dos custos com manutenções ao longo do período.

3) O que você acha dos transportes coletivos? Quem sai ganhando?

Resposta pessoal, Momento bom para falar de sustentabilidade, poluição e mobilidade urbana.

4) Calcule o valor do financiamento desse automóvel a uma taxa de 2,71% a.a., em 60 meses com IOF de 3% sobre do valor do bem:

1º Passo: Calcular o valor Financiado.

$$Valor\ do\ Automovl + IOF = Valor\ do\ Financiamento$$

$$R\$59.595,00 + R\$1.987,79 = R\$61.582,79$$

2º Passo: Calcular o valor da Prestação.

$$P = VPP \cdot \left(\frac{(1+i)^n \cdot i}{(1+i)^n - 1}\right) = 61.582,79 \cdot \left(\frac{(1,0271)^{60} \cdot 0,0271}{(1,0271)^{60} - 1}\right) = R\$2.088,78$$

6.3.7 Atividade 7: Energia solar residencial é vantajoso?

PLANO DE AÇÃO - AULA 7

1 – TEMA:

Energia Solar residencial é vantajoso?

2 - DELIMITAÇÃO DO TEMA:

Calcular o tempo para pagar um empréstimo.

3 – OBJETIVOS:

Determinar o período necessário em relação a um valor de empréstimo, a uma taxa e a uma prestação fixos. Debater sobre consumo sustentável em uma sociedade.

4 - APORTE TEÓRICO E REFERÊNCIAS:

Os conceitos apresentados na explanação são baseados nas seguintes obras:

- RESOLUÇÃO NORMATIVA Nº 482, DE 17 DE ABRIL DE 2012
- Conceitos do livro Matemática Financeira Fácil (CRESPO, 2009)
- Conceitos do livro Matemática Financeira Aplicada: método algébrico, HP-12C,Microsoft Excel (BRANCO, 2005)

5 - PROCEDIMENTO METODOLÓGICO:

A partir da leitura do texto "Sol - uma fonte de energia", refletir sobre as dificuldades e possibilidades energéticas no Brasil.

Será proposta a simulação de compra de um equipamento de geração de energia solar residencial, com o cálculo do tempo necessário para quitar um empréstimo, analisando a viabilidade do projeto sobre a vida útil do equipamento.

Serão debatidos temas como sustentabilidade num contexto social e consumo consciente.

6 - AVALIAÇÃO:

Correção da atividade e debates do tema.

SOL- UMA FONTE DE ENERGIA

Passamos hoje no Brasil uma das maiores, ou se não maior, crise hídrica. Esta que afeta diretamente a geração de energia, já que nossa matriz energética tem como pilar as Hidroelétricas para geração de energia elétrica. Com isso surgiu o uso das bandeiras tarifárias, aumentando o valor das contas de energia elétrica.

Figura 37 – Bandeiras Tarifárias de energia elétrica

Fonte: Arte ZAP <https://revista.zapimoveis.com.br/entenda-a-regra-das-bandeiras-tarifarias-na-conta-de-luz/>

Por outro lado a Annel em suas atribuições na RESOLUÇÃO NORMATIVA Nº 482, DE 17 DE ABRIL DE 2012, estabelece as condições gerais para o acesso de microgeração e minigeração distribuída aos sistemas de distribuição de energia elétrica, o sistema de compensação de energia elétrica, e dá outras providências. (<http://www2.aneel.gov.br/cedoc/bren2012482.pdf>)

Surgindo assim no mercado empresas especializadas com essa finalidade de serviço, tanto para eólica como solar.

Levamos também em consideração que o consumo sustentável, ultrapassa o limite do pessoal e qualquer tipo de energia renovável que não polua deve ser considerada.

Figura 38 – Esquema do Sistema de energia-fotovoltaica instalado

Fonte: SOLARMON <http://solarmon.com.br/energia-fotovoltaica.html>

ATIVIDADE

1) Uma residência consome 300 kWh/mês gerando uma conta de R$200,00 e o proprietário deseja instalar um sistema On-grid de energia solar (sistema que dispensa o uso de baterias), porém o proprietário sabe que o valor mínimo da conta a ser pago é de R$50,00 (iluminação pública e o consumo mínimo), assim um engenheiro indicou um projeto de sistema fotovoltaico de 2kWp no valor de R$22.000,00 para a produção de 200 kWh/mês.

a) Sem afetar o fluxo de caixa da família com uma saída R$200,00 /mês com gasto de energia, qual o menor tempo possível para ser pago um financiamento numa taxa de 0,5% a.m. para instalação do sistema fotovoltaico na residência?

R$200,00 - R$50,00 =R$150,00 (valor das Parcelas)

$$n = \frac{\log_{10}\left(\frac{P}{P - VPP \cdot i}\right)}{\log_{10}(1 + i)}$$

$$n = \frac{\log_{10}\left(\frac{150}{150 - 22000.0,005}\right)}{\log_{10}(1 + 0,005)}$$

$$n = \frac{log_{10}\left(\dfrac{150}{150-110}\right)}{log_{10}(1,005)}$$

$$n = \frac{log_{10}\left(\dfrac{150}{40}\right)}{log_{10}(1,005)}$$

$$n = \frac{log_{10}(3,75)}{log_{10}(1,005)} = \frac{0,574}{0,002)} = 265,011 \text{ ou seja}$$

$n = 266$ *meses ou* 22 *anos e* 2 *meses*

b) Sabendo que a vida útil da Placa Fotovoltaica é em média de 25 anos você acha um bom negócio financiar a instalação de um sistema de energia-fotovoltaica na residência?

Resposta Pessoal, mas para um investimento a longo prazo é muito arriscado para um tempo tão pequeno sem pagamentos até renovar as placas.

Seria um bom momento de comentar sobres as políticas públicas para energia limpa.

Tabela 12 – Atividade 3 : tabela Price no período 1 a 23

n	P	Juros	A	SD	VPP	Desc.
1	292,95	203,66	89,29	10.093,94	287,21	5,74
2	292,95	201,88	91,07	10.002,87	281,57	11,38
3	292,95	200,06	92,89	9.909,98	276,05	16,90
4	292,95	198,20	94,75	9.815,22	270,64	22,31
5	292,95	196,30	96,65	9.718,58	265,33	27,62
6	292,95	194,37	98,58	9.620,00	260,13	32,82
7	292,95	192,40	100,55	9.519,45	255,03	37,92
8	292,95	190,39	102,56	9.416,89	250,03	42,92
9	292,95	188,34	104,61	9.312,27	245,13	47,82
10	292,95	186,25	106,71	9.205,57	240,32	52,63
11	292,95	184,11	108,84	9.096,73	235,61	57,34
12	292,95	181,93	111,02	8.985,71	230,99	61,96
13	292,95	179,71	113,24	8.872,48	226,46	66,49
14	292,95	177,45	115,50	8.756,98	222,02	70,93
15	292,95	175,14	117,81	8.639,16	217,67	75,28
16	292,95	172,78	120,17	8.519,00	213,40	79,55
17	292,95	170,38	122,57	8.396,43	209,21	83,74
18	292,95	167,93	125,02	8.271,40	205,11	87,84
19	292,95	165,43	127,52	8.143,88	201,09	91,86
20	292,95	162,88	130,07	8.013,81	197,15	95,80
21	292,95	160,28	132,67	7.881,13	193,28	99,67
22	292,95	157,62	135,33	7.745,81	189,49	103,46
23	292,95	154,92	138,03	7.607,77	185,78	107,17

Continua na próxima página

Tabela 13 – Atividade 3 - tabela Price no período 24 a 47

n	P	Juros	A.	SD	VPP	Desc.
24	292,95	152,16	140,80	7.466,98	182,13	110,82
25	292,95	149,34	143,61	7.323,36	178,56	114,39
26	292,95	146,47	146,48	7.176,88	175,06	117,89
27	292,95	143,54	149,41	7.027,47	171,63	121,32
28	292,95	140,55	152,40	6.875,07	168,26	124,69
29	292,95	137,50	155,45	6.719,62	164,96	127,99
30	292,95	134,39	158,56	6.561,06	161,73	131,22
31	292,95	131,22	161,73	6.399,33	158,56	134,39
32	292,95	127,99	164,96	6.234,36	155,45	137,50
33	292,95	124,69	168,26	6.066,10	152,40	140,55
34	292,95	121,32	171,63	5.894,47	149,41	143,54
35	292,95	117,89	175,06	5.719,41	146,48	146,47
36	292,95	114,39	178,56	5.540,85	143,61	149,34
37	292,95	110,82	182,13	5.358,71	140,79	152,16
38	292,95	107,17	185,78	5.172,94	138,03	154,92
39	292,95	103,46	189,49	4.983,45	135,33	157,62
40	292,95	99,67	193,28	4.790,16	132,67	160,28
41	292,95	95,80	197,15	4.593,02	130,07	162,88
42	292,95	91,86	201,09	4.391,93	127,52	165,43
43	292,95	87,84	205,11	4.186,81	125,02	167,93
44	292,95	83,74	209,21	3.977,60	122,57	170,38
45	292,95	79,55	213,40	3.764,20	120,17	172,78
46	292,95	75,28	217,67	3.546,53	117,81	175,14
47	292,95	70,93	222,02	3.324,51	115,50	177,45

Continua na próxima página

Tabela 14 – Atividade 3 - tabela Price no período 46 a 60

n	P	Juros	A	SD	VPP	Desc.
48	292,95	66,49	226,46	3.098,05	113,24	179,71
49	292,95	61,96	230,99	2.867,06	111,02	181,93
50	292,95	57,34	235,61	2.631,45	108,84	184,11
51	292,95	52,63	240,32	2.391,13	106,70	186,25
52	292,95	47,82	245,13	2.146,01	104,61	188,34
53	292,95	42,92	250,03	1.895,97	102,56	190,39
54	292,95	37,92	255,03	1.640,94	100,55	192,40
55	292,95	32,82	260,13	1.380,81	98,58	194,37
56	292,95	27,62	265,33	1.115,48	96,65	196,30
57	292,95	22,31	270,64	844,84	94,75	198,20
58	292,95	16,90	276,05	568,78	92,89	200,06
59	292,95	11,38	281,58	287,21	91,07	201,88
60	292,95	5,74	287,21	0,00	89,29	203,66

Fonte: Autoria própria

Tabela 15 – Atividade "4-a": Planilha do fluxo de caixa da Poupança

A	P	J	Saldo	A	P	J	Saldo
1	1,33		1,33	**14**	1,33	3,27	37,30
2	1,33	0,13	2,80	**15**	1,33	3,73	42,36
3	1,33	0,28	4,41	**16**	1,33	4,24	47,93
4	1,33	0,44	6,19	**17**	1,33	4,79	54,06
5	1,33	0,62	8,14	**18**	1,33	5,41	60,80
6	1,33	0,81	10,29	**19**	1,33	6,08	68,21
7	1,33	1,03	12,65	**20**	1,33	6,82	76,37
8	1,33	1,26	15,25	**21**	1,33	7,64	85,34
9	1,33	1,52	18,11	**22**	1,33	8,53	95,20
10	1,33	1,81	21,25	**23**	1,33	9,52	106,06
11	1,33	2,12	24,71	**24**	1,33	10,61	118,00
12	1,33	2,47	28,51	**25**	1,33	11,80	131,13
13	1,33	2,85	32,70	**26**	-12,00	13,11	132,24

Fonte: Autoria própria

Tabela 16 – Atividade 6: VALOR DE VENDA DO VOYAGE I MOTION COMF/Hghli.1.6 T.Flex 8V

Ano	Valor	%
zero	R$ 59.595,00	100%
2016	R$ 43.882,00	74%
2015	R$ 37.503,00	63%
2014	R$ 34.090,00	57%
2013	R$ 32.662,00	54%
2012	R$ 28.852,00	48%

Fonte: Autoria Própria com dados da tabela FIPE de JUL2017

Tabela 17 – Atividade 6: Compra um carro, gera custo?

Ano	Desvalor.	IPVA	Manut.	Saídas
1	15.713,00	1.755,28	-	17.468,28
2	6.379,00	1.500,12	500,00	8.379,12
3	3.413,00	1.363,60	1.000,00	5.776,60
4	1.428,00	1.306,48	1.500,00	4.234,48
5	3.810,00	1.154,08	2.000,00	6.964,08
			Total	42.822,56

Considerações Finais

Os novos rumos da educação, assim como as atuais necessidades socioculturais, preveem a demanda de competências e habilidades matemáticas relevantes e significativas à formação do indivíduo. O conhecimento matemático é indispensável em diversas situações diárias e funciona como suporte aos demais saberes, visto que desenvolve o pensamento crítico reflexivo do indivíduo e potencializa ações no meio social em que está inserido.

No ponto de vista de Freire (2014, p. 66), educar sem relacionar e sem aplicar os conteúdos e conceitos à realidade do discente, torna o processo educativo mecanizado. O pensamento do autor instiga à reflexão de que se o sistema educacional não viabiliza o desenvolvimento do senso crítico reflexivo do educando, a educação se descaracteriza de seu aspecto transformador e, isso tampouco contribui para a formação da cidadania.

Ante o exposto nessa pesquisa, percebe-se que a Matemática Financeira conectada à Educação Financeira no Ensino Médio contribui, consideravelmente, para a formação dos jovens e sua percepção de mundo, colabora na leitura e interpretação da realidade e desenvolve habilidades que farão parte de sua vida, tanto no campo social, quanto profissional.

> Em um mundo onde as necessidades sociais, culturais e profissionais ganham novos contornos, todas as áreas requerem alguma competência em Matemática e a possibilidade de compreender conceitos e procedimentos matemáticos é necessária tanto para tirar conclusões e fazer argumentações, quanto para o cidadão agir como consumidor prudente ou tomar decisões em sua vida pessoal e profissional. (BRASIL, 1999, p. 40)

Visto assim, pressupõe-se dizer que a abordagem da Matemática Financeira a partir da Educação Financeira no âmbito escolar se baseia na estratégia de colaborar para que os alunos, como cidadãos, recebam orientações e informações básicas que contribuam para a ampliação de conhecimentos que vão além do universo escolar.

O objetivo principal deste trabalho foi propor estratégias e instrumentos inovadores e colaborativos à ação pedagógica docente. A fim de dinamizar o processo de ensino e aprendizagem, a presente pesquisa viabilizou, por meio de propostas de SD, apresentar conteúdos da Matemática Financeira articulados à Educação Financeira. O enfoque dado às propostas estimulam o aluno a investigar conceitos, debater ideias, expor opiniões, analisar, calcular, resolver situações financeiras. Além disso, visa discutir assuntos que, embora estejam inseridos na vida do educando, comumente não são debatidos em sala de aula, como a evolução do dinheiro e do sistema monetário brasileiro no tempo, tributação de impostos, planejamento de projetos.

Assim, espera-se que partir da simulação de situações reais, seja possível levar o educando, não apenas a assimilar conceitos, mas ainda a refletir sobre a importância de compreender ações comuns ao cotidiano, analisar transações financeiras, como poupar e/ou investir a fim de alcançar seus objetivos, tomar decisões entre comprar à vista ou a prazo, tomar ciência das sutilezas que se escondem atrás de propagandas divulgadas pela mídia, dentre tantas outras ocorrências.

Considera-se ainda que as habilidades e competências mencionadas, sejam importantes e necessárias aos jovens que aspiram adentrar ao mercado de trabalho e, para isso, quanto mais preparados e capacitados estejam, maiores são as oportunidades dessa inserção.

Almeja-se a partir desta pesquisa, que os educadores sintam-se instigados a colocar em prática as propostas de sequências didáticas aqui apresentadas, bem como, construir/reconstruir, aprimorar e incorporar a estas, suas próprias metodologias e experiências. Do mesmo modo é bom esclarecer que as propostas concebidas não se apresentam como um produto completo e finalizado, mas devem ser vistos como um produto em constante transformação, haja vista que as ideias são flexíveis, mutáveis e adaptáveis à realidade dos atores envolvidos no processo educacional.

Além disso, estende-se ao diálogo, que não se considera que esta seja a forma mais proativa e eficaz de abordar os conceitos matemáticos financeiros e os aspectos que envolvam a educação financeira, uma vez que tais temáticas apresentam-se como uma fonte motivadora, com possibilidades inesgotáveis de abordagem, que incita a abertura de novas discussões e trabalhos futuros.

Referências

BRANCO, A. C. C. *Matemática financeira aplicada: método algébrico, HP-12C, Microsoft Excel*. [S.l.]: Pioneira Thomson Learning, 2005. Citado 8 vezes nas páginas 72, 73, 95, 98, 100, 103, 105 e 108.

BRASIL. *Parâmetros Curriculares Nacionais: Ensino Médio*. Brasília, 1999. Citado na página 117.

BRASIL. *Estratégia Nacional de Educação Financeira - ENEF*. 2010. Acesso em 03 de dezembro de 2015. Disponível em: <http://www.planalto.gov.br/ccivil_03/_Ato2007-2010/2010/Decreto/D7397.htm>. Citado na página 20.

BRASIL. *Plano Diretor ENEF*. Brasília, DF, 2010. Acesso em 19 de março de 2016. Disponível em: <http://www.vidaedinheiro.gov.br/docs/PlanoDiretorENEF1.pdf>. Citado 2 vezes nas páginas 24 e 25.

BRASIL. *Programa de Educação Financeira nas Escolas*. 2010. Acesso em 19 de março de 2016. Disponível em: <http://www.edufinanceiranaescola.gov.br/>. Citado na página 24.

BRASIL. *Programa Educação Financeira nas Escolas*. Brasília: Ministério da Educação, 2010. Citado na página 26.

BRASIL. Estratégia nacional educação financeira enef. 2012. Acesso em 20 de março de 2016. Disponível em: <http://www.bcb.gov.br/pre/pef/port/Estrategia_Nacional_Educacao_Financeira_ENEF.pdf>. Citado na página 26.

BRASIL. *PNAIC: Pacto pela Alfabetização na Idade Certa*. Braília, 2012. Acesso em 20 de abril de 2016. Disponível em: <http://pacto.mec.gov.br/images/pdf/Formacao/Ano_2_Unidade_6_MIOLO.pdf>. Citado na página 87.

BRASIL. *Para crianças e jovens*. 2013. Acesso em 20 de março de 2016. Disponível em: <http://www.vidaedinheiro.gov.br/programas-26-para_criancas_e_jovens.html>. Citado na página 29.

BRASIL. Plano de trabalho 2015-2016. 2015. Acesso em 05 de abril de 2016. Disponível em: <http://www.vidaedinheiro.gov.br/docs/-24-23-07-2015-Plano-de-Trabalho---2015_16.pdf>. Citado na página 27.

BRUHN, M. et al. The impact of high school financial education: experimental evidence from brazil. *World Bank Policy Research Working Paper*, n. 6723, 2013. Disponível em: <http://papers.ssrn.com/sol3/papers.cfm?abstract_id=2367083>. Citado na página 26.

BRUTES, L.; SEIBERT, R. M. O ensino da educação financeira a jovens de escolas públicas de Santo Ângelo. 2014. Acesso em 20 de março de 2016. Disponível em: <http://www.reitoria.uri.br/~vivencias/Numero_018/artigos/pdf/Artigo_15.pdf>. Citado na página 10.

CAMARGO, S. *Dolar mais alto deixa o brasileiro mais pobre veja quem ganha e quem perde*. 2015. Disponível em: <https://economia.uol.com.br/noticias/redacao/2015/09/23/dolar/mais-alto-deixa-o-brasileiro-mais-pobre-veja-quem-ganha-e-quem/-perde.htm?cmpid=copiaecola>. Citado na página 82.

CASTRO, A. D. d. et al. *Ensinar a ensinar: didática para a escola fundamental e média*. Connecticut, EUA: Cengage Learning Editores, 2001. Citado na página 86.

COELHO, L. R. *Mudanças de moeda no Brasil*. 2011. Acesso em 19 de março de 2016. Disponível em: <http://www.logisticadescomplicada.com/mudancas-de-moeda-no-brasil/>. Citado 2 vezes nas páginas 11 e 12.

CRESPO, A. A. *Matemática Financeira fácil. atual*. [S.l.]: Ed. Saraiva, Sao Paulo, 2009. Citado 6 vezes nas páginas 95, 98, 100, 103, 105 e 108.

D'AMBRóSIO, N.; D'AMBRóSIO, U. *Matemática Comercial e Financeira e Complementos de Matemática para os cursos do 2°grau*. São Paulo: Companhia Editorial Nacional, 1972. Citado na página 2.

D'AQUINO, C. *E o que é a educação financeira?* 2010. Acesso em 21 de março de 2016. Disponível em: <http://educacaofinanceira.com.br/index.php/escolas/conteudo/513>. Citado na página 27.

D'AQUINO, C.; CERBASI, G. *Educação Financeira: como educar seus filhos*. Rio de Janeiro: Elsevier, 2008. Citado na página 11.

DINHEIRO, V. E. *ENEF-Estratégia Nacional de Educação Financeira*. 2015. Citado na página 22.

EVES, H. *Introdução à História da Matemática*. Campinas, SP: UNICAMP, 2004. Citado 2 vezes nas páginas 7 e 8.

FREIRE, P. *Pedagogia do oprimido*. São Paulo: Editora Paz e Terra, 2014. Citado na página 117.

GONÇALVES, A. *Introdução à álgebra*. [S.l.]: Impa, 1979. Citado na página 32.

GONÇALVES, J. P. A história da matemática comercial e financeira. *Só Matemática*, 2007. Acesso em 15 de janeiro de 2016. Disponível em: <http://www.somatematica.com.br/historia/matfinanceira.php>. Citado 2 vezes nas páginas 6 e 7.

HOLZMANN, R.; MIRALLES, M. The role, limits of, and alternatives to financial education in support of retirement saving in the oecd, eastern europe and beyond. *The World Bank, Nov*, 2005. Citado na página 16.

IEZZI, G.; HAZZAN, S. *Fundamentos de matemática elementar, 4: sequências, matrizes, determinantes, sistemas*. [S.l.]: Atual, 2004. Citado 2 vezes nas páginas 42 e 44.

IFRAH, G. *História Universal dos Algarismos: a inteligência dos homens contada pelos números e pelo cálculo*. Rio de Janeiro: Nova Fronteira, 1997. Citado 2 vezes nas páginas 2 e 3.

KELLER, P. a. KOTLER e. *Administração de Marketing*. [S.l.]: São Paulo, 2006. Citado 2 vezes nas páginas 83 e 84.

LDB. *Lei de Diretrizes e Bases da Educação Nacional*. 1996. Brasília. Citado na página 28.

LEHMANN D. R.; WINER, R. S. *Product management*. [S.l.]: New York, 1997. Citado na página 83.

LIMA, E. L. Curso de análise, volume 1. *Projeto Euclides, IMPA, décima primeira ediçao*, 2004. Citado na página 32.

MARION, J. C. *Contabilidade básica*. [S.l.]: Atlas, 2009. Citado na página 76.

MAROQUIO, V. S. *Formação Continuada de Professores de Matemática: Reflexões sobre o conhecimento pedagógico do conteúdo a partir da implementação das diretrizes curriculares*. Dissertação (Mestrado) — IFES - Instituto Federal do Espírito Santo, 2014. Acesso em 24 de abril de 2016. Disponível em: <http://educimat.vi.ifes.edu.br/wp-content/uploads/2015/11/DISSERTA%C3%87%C3%83O_VANUSA_STEFANON.pdf>. Citado na página 90.

MARTINS, J. P. *Seu Futuro: Educação Financeira e atitudes para conquistar sua independência*. Paraná: Fundamento Educacional, 2011. Citado na página 27.

MENDONÇA, H. F. d. Metas de inflação e taxa de juros no Brasil: uma análise do efeito dos preços livres e administrados. *Revista de Economia Política*, SciELO Brasil, v. 27, n. 3, p. 107, 2007. Citado na página 81.

MIZUKAMI, M. d. G. N. *Ensino: as abordagens do processo*. São Paulo: Editora Pedagógica e Universitária, 1986. Citado na página 86.

MORGADO, A. C. *Progressões e matemática financeira*. [S.l.]: SBM, 2005. Citado 3 vezes nas páginas 52, 54 e 56.

MUSEUM, M. M. *History of Mathematics*. 2000. Acesso em 04 de dezembro de 2015. Disponível em: <http://minimathsmuseum.com.au/sumerian-mathematics>. Citado na página 5.

NAZARIO, P. et al. Educação financeira: um estudo aplicado ao ensino médio da rede pública do município de luiziana/pr. *TCC, Ciências Contábeis–FECILCAM*, 2011. Acesso em 04 de abril de 2016. Disponível em: <http://www.fecilcam.br/nupem/anais_vi_epct/PDF/ciencias_sociais/18.pdf>. Citado na página 28.

NETO, A. C. M. Fundamentos de cálculo: coleção profmat. *Rio de Janeiro: SBM*, 2014. Citado na página 34.

OCDE. *Financial Education Project*. 2004. Acesso em 20 de fevereiro de 2016. Disponível em: <http://www.oecd.org/finance/financial-education/33865427.pdf>. Citado na página 29.

OCDE. Recommendation on principles and good practices for financial education and awareness. 2005. Disponível em: <http://www.oecd.org/daf/fin/financial-education/35108560.pdf>. Citado 4 vezes nas páginas 16, 18, 19 e 91.

PAIS, L. C. *Didática da Matemática: uma análise da influência francesa*. São Paulo: Autêntica Editora, 2001. Citado na página 87.

PETER, L. D.; PALMEIRA, E. M. Estudo sobre a inclusão da educação financeira como disciplina escolar a partir das séries iniciais. 2013. Acesso em 04 de abril de 2016. Disponível em: <https://www.researchgate.net/profile/Eduardo_Palmeira/publication/236332274_ESTUDO_SOBRE_A_INCLUSO_DA_EDUCAO_FINANCEIRA_COMO_DISCIPLINA_ESCOLAR_A_PARTIR_DAS_SRIES_INICIAIS/links/00463517a8b239c16b000000.pdf>. Citado na página 13.

ROBERT, J. *A origem do dinheiro*. São Paulo: Global, 1989. Citado 2 vezes nas páginas 4 e 7.

ROUSSEAU, C. et al. *Mathematics and technology*. Springer, 2008. Disponível em: <http://www.edufinanceiranaescola.gov.br/wp-content/uploads/2014/04/DOCUMENTO-ENEF-Orientac%CC%A7o%CC%83es-para-Educ-Financeira-nas-Escolas1.doc>. Citado na página 54.

SAITO, A. T. *Uma contribuição ao desenvolvimento da educação em finanças pessoais no Brasil*. Tese (Doutorado) — Universidade de São Paulo, 2007. Citado 3 vezes nas páginas 12, 15 e 18.

SAVOIA, J. R. F. et al. Paradigms of financial education in brazil. *Revista de Administração Pública*, SciELO Brasil, v. 41, n. 6, p. 1121–1141, 2007. Acesso em 10 de janeiro de 2016. Disponível em: <http://www.scielo.br/scielo.php?script=sci_arttext&pid=S0034-76122007000600006>. Citado 3 vezes nas páginas 13, 16 e 28.

SCHNEIDER, I. J. *Matemática financeira: um conhecimento importante e necessário para a vida das pessoas*. Dissertação (Mestrado) — Universidade de Passo Fundo, Passo Fundo, 2008. Acesso em 20 de março de 2016. Disponível em: <https://secure.upf.br/pdf/2008IdoJoseSchneider.pdf>. Citado 4 vezes nas páginas 2, 3, 4 e 6.

SECCO, R. L. et al. Importância da educação financeira na infância: uma revisão de literatura. *Observatorio de la Economía Latinoamericana*, Grupo Eumed.net (Universidad de Málaga), n. 203, 2014. Citado na página 12.

SEDU, E. S. Guia de orientações para a intervenção pedagógica do ensino médio. ANO II, 2010. Acesso em 23 de abril de 2016. Disponível em: <www.educacao.es.gov.br/download/guiaorientacoes2011ensmedio.pdf>. Citado na página 87.

SHULMAN, L. S. Those who understand: Knowledge growth in teaching. *Educational researcher*, JSTOR, v. 15, n. 2, p. 4–14, 1986. Citado na página 90.

SILVA, A. M. d. et al. Um estudo sobre a inserção da educação financeira como tema curricular nas escolas públicas brasileiras. *Atas do XXV Seminário de Investigação em Educação Matemática. Braga: APM*, p. 35–46, 2014. Disponível em: <http://www.apm.pt/files/_P1_53435ecb1c615.pdf>. Citado 3 vezes nas páginas 13, 18 e 19.

SILVA, A. M. da; POWELL, A. B. Um programa de educação financeira para a matemática escolar da educação básica. 2013. Disponível em: <http://sbem.web1471.kinghost.net/anais/XIENEM/pdf/2675_2166_ID.pdf>. Citado 2 vezes nas páginas 23 e 29.

SKOVSMOSE, O. *Educação matemática crítica: a questão da democracia*. São Paulo: Papirus, 2001. Citado na página 86.

SMITH, B. Oecd's financial education project: improving financial literacy and capability. In: *CANADIANS AND THEIR MONEY: A NATIONAL SYMPOSIUM ON FINANCIAL CAPABILITY. Proceedings... Ottawa*. Ottawa: [s.n.], 2005. Citado na página 18.

SOUZA, D. P. D.; HORIZONTE, B. A importância da educação financeira infantil. 2012. Acesso em 24 de março de 2016. Disponível em: <http://www.educacaofinanceira.com.br/tcc/importancia-da-educacao-financeira-infantil.pdf>. Citado na página 20.

STEWART, J. Cálculo, vol. 1, 6ª edição. *Editora Thompson*, 2006. Citado na página 40.

STEWART, J. Cálculo, vol. 2, 6ª edição. *Editora Thompson*, 2010. Citado 3 vezes nas páginas 34, 40 e 41.

TAFNER, P.; GIAMBIAGI, F. Previdência social: Uma agenda de reformas. *Brasil: A nova agenda social*, 2011. Citado 2 vezes nas páginas 100 e 101.

TORAETE, H. M. *Matemática Financeira: um conhecimento importante para os estudantes e seu futuro*. Dissertação (Mestrado) — Universidade Estadual de Londrina, Londrina, 2013. Acesso em 02 de dezembro de 2015. Disponível em: <http://bit.profmat-sbm.org.br/xmlui/bitstream/handle/123456789/888/2011_00665_HENRIQUE_MATSUMOTO_TORAETE.pdf?sequence=1>. Citado na página 2.

VASCONCELLOS, M. A. *Economia fácil*. [S.l.]: Editora Saraiva, 2015. Citado na página 55.

VASCONCELLOS, M. A. S. d. *Economia: micro e macro*. [S.l.]: Atlas, 2001. v. 3. Citado 3 vezes nas páginas 78, 79 e 81.

YAZBEK, P. 2016. Disponível em: <http://exame.abril.com.br/seu-dinheiro/os-carros-que-menos-se-desvalorizam-apos-um-ano-de-uso/>. Citado na página 106.

ZABALA, A. *A prática educativa: como ensinar*. Porto Alegre: Penso Editora, 1998. Citado 5 vezes nas páginas 85, 86, 87, 88 e 89.

ANOTAÇÕES

Impressão e acabamento
Gráfica da Editora Ciência Moderna Ltda.
Tel: (21) 2201-6662